U0186236

知识进化图解系列

太喜欢探秘人体了

[日]荻野刚志 编
范唯 译

天津出版传媒集团
天津科学技术出版社

著作权合同登记号：图字02-2022-048号

图书在版编目（CIP）数据

知识进化图解系列. 太喜欢探秘人体了 / (日) 荻野刚志编 ; 范唯译. -- 天津 : 天津科学技术出版社, 2022.4

ISBN 978-7-5576-9938-3

Ⅰ. ①知… Ⅱ. ①荻… ②范… Ⅲ. ①自然科学—青少年读物②人体—青少年读物 Ⅳ. ①N49②R32-49

中国版本图书馆CIP数据核字(2022)第038518号

知识进化图解系列. 太喜欢探秘人体了

ZHISHI JINHUA TUJIE XILIE. TAI XIHUAN TANMI RENTI LE

责任编辑：杨 譞

责任印制：兰 毅

出　　版：天津出版传媒集团 / 天津科学技术出版社

地　　址：天津市西康路35号

邮　　编：300051

电　　话：（022）23332490

网　　址：www.tjkjcbs.com.cn

发　　行：新华书店经销

印　　刷：三河市金元印装有限公司

开本 880×1230　1/32　印张 6　字数 127 000

2022年4月第1版第1次印刷

定价：39.80元

前言

据一项海外研究预测，2007 年日本出生的孩子，有一半寿命将会超过 100 岁。“百年人生” 的时代已经到来。为了延年益寿，人们对健康的关注度也越来越高。

在当今这个时代，电视和互联网中充斥着大量与健康相关的信息。打开智能手机，动动手指，就能搜索到各种各样的和健康相关的信息。

不过，人们同时也会感到困惑，这些信息纷繁复杂、真假莫辨，要做出判断、取舍，是有一定难度的。为了甄别这些信息的真伪、从中选择正确的为我所用，也为了自己的身体健康，我们是否有必要尽可能多地掌握一些与人体相关的正确知识呢？

掌握正确的知识，是我们做出准确判断的基础，能够帮助我们不被街头巷尾流传的繁杂信息左右，明白该如何选取有用的信息。

本书收集了一些基础性的问题，辅以图解，对这些问题进行了简明扼要的阐释，以加深大家对人体知识的理解。我希望这本书能够激发各位读者了解自己身体的欲望，成为大家获取更多人体相关知识的阶梯。另外，关于人体，目前还存在着很多不可思议之处以及未解之谜，所以不能不说它是神秘的。如果读者能够通过阅读本书，认识到我们的身体与生命是多么宝贵、不可轻易失去，这将是我作为一个医者最大的快乐。

最后，对于一些目前仍存在不同看法的问题，本书优先采用了广受认同的说法作为结论，并力求将其讲得通俗易懂。本书是一本面向大众的通俗读物，从专家的角度看，或许在表达的严谨性上有所欠缺，就此敬请理解。希望各位读者能够喜欢本书，如此我将不胜荣幸。

在此谨向在本书编纂过程中给予我帮助的山村宪先生、富永健司先生致以谢意。

主编　医学博士　荻野刚志

目 录

第1章 神奇的大脑与神经
用来控制身体的信息处理系统

第2章 神奇的消化器官和泌尿器官
食物的消化、吸收和排泄

第3章 神奇的循环器官与呼吸器官
维持生命，反映身体的异常情况

第4章 神奇的感觉器官 捕捉各种信号的小能手

第5章 神奇的肌肉、骨骼和运动系统
人体结构、动作、外观的形成

第6章 生殖器、细胞及不可思议的成长
生命的诞生，人类繁衍的奥秘

第1章

神奇的大脑与神经

用来控制身体的信息处理系统

人的大脑重量越重、褶皱越多，真的就越聪明吗？

天才并不是天生的，儿童期大脑的发育才最关键。

观察一下动物的体型和大脑重量之间的关系，我们就会发现，一般来说，体型越小的动物，它的大脑重量在体重当中所占的比例就越大，而体型越大的动物这一比例反而越小。**动物的大脑重量和体重之间的比例是有规律的，即“大脑的重量与体重的 0.75 次方成正比”，这被称为“缩放”**。可是，有一种动物却很特别，没有遵循这个规律，那就是人类。**人类的大脑重量在体重当中所占的比例，超过其他动物。**

另外，有些人认为，大脑的重量和头脑聪不聪明之间是没有必然联系的，因为爱因斯坦的大脑重量只有 1230 克，和普通成年男性的大脑重量（1350~1500 克）相比还要轻一些。加利福尼亚大学针对“脑容量与智商（IQ）之间的关系”开展了一项研究，结果发现，脑重量越大的人 IQ 越高，特别是大脑皮层中的前额叶皮质与后颞叶皮质比较厚的人，他们的 IQ 更高。

不过，随着研究的深入，研究人员又发现，有些人虽然大脑皮层很厚，可 IQ 却并不高。**由此可见，皮质的厚度并不能决定 IQ 的高低，真正起决定性作用的，是大脑在童年期的发育程度。**

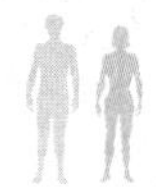

的确，IQ 达到 120 以上的人，在童年期的 7~9 岁，大脑皮层的厚度甚至低于同龄人的平均水平；而在 9~13 岁，大脑快速地发育，皮质的厚度才渐渐增加。这个事实似乎也印证了前面的研究结论，也促使人们掀起了童年期孩子的教育培训热潮。**不过我们也要知道，IQ 数值不是万能的，它并不能全面地反映出一个人的智力水平。**

除此之外，在很长的一段时间里，人们一直认为，一个人大脑的褶皱越多，他的头脑就越聪明。但是实际上，大脑的褶皱在胎儿期大脑成形的时候就开始出现，而到婴儿出生时，他大脑里的褶皱已经发育完成了。**因此，在后期的成长过程中，褶皱的数量是不会因为学习更加努力就增多的。**

一个人聪不聪明，和他的大脑重量是没有关系的！

要知道，爱因斯坦的大脑比普通成年男性大脑的平均重量还要轻呢。

我们来看看重要人物的大脑有多重吧！

名人的大脑重量

爱因斯坦 1230 克
（理论物理学家）

汤川秀树 1500 克
（日本首位诺贝尔奖获得者）

南方熊楠 1425 克
（日本博物学家）

康德 1650 克
（近代哲学鼻祖）

成年人大脑的平均重量

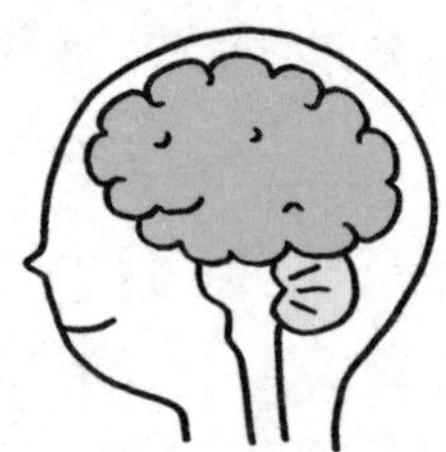

男性：1350~1500 克
女性：1200~1300 克

再看看动物的大脑

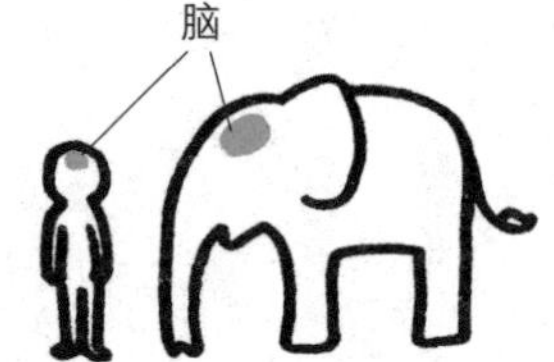

人类大脑的重量在体重当中所占的比例是 1/38，大象则是 1/500。

瓶鼻海豚	约 1600 克
抹香鲸	约 8000 克
大象	约 4400 克

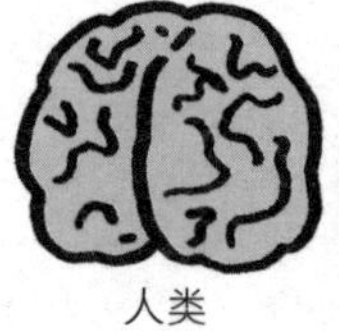

海豚大脑的褶皱比人类多。

有一种理论认为，海豚需要在水中发出声音并识别回声，因此大脑的褶皱比较多。但海豚的智力水平远比人类低下，由此可见，“大脑的褶皱越多，头脑越聪明”的说法是不成立的。

IQ

日本人的平均 IQ =100

IQ 与聪明程度之间的关系

IQ，是一个表示智力与心智成熟程度的数值（智力指数）。IQ 比较高的人，他的思考能力、处事能力、记忆能力、学习能力通常也比较高。童年时期的学习，是 IQ 提升的一个重要的基础。不过 IQ 的数值并不能完全反映一个人的智力水平，目前 IQ 更多地应用在对智力障碍人士的学习指导和学习辅助当中。

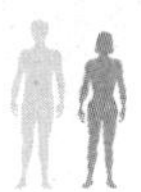

2　灵魂出窍是一种超自然现象吗?

灵魂出窍，也是大脑拥有的神奇功能呢。

据说，一个人去世以后，他的灵魂可以从身体中抽离出来，飘在半空中看着自己平躺着的身体，这就是自古以来人们常常提到的“**灵魂出窍**”现象。虽然我们知道这是不可能的，但让人意外的是，和灵魂出窍有些相似的濒死体验却并不少见。那些心跳停止一段时间后又恢复正常的人，很多都经历过濒死体验。**其中被提到最多的共同点，就有前面所说的灵魂出窍，还有安详的气氛、远处闪亮的光、与来自“灵界”的人们交谈等富有神秘色彩的内容**。不过我们对这些体验总是将信将疑，即便它们真的存在，一个人在一生当中恐怕最多也只会体验一次，在发生时也很难及时地进行科学验证，因此大多数情况下都会被看作一种精神现象。

不过，有些人不必经历濒死体验，也会出现灵魂出窍的状态。你听说过大脑实验吗？在大脑实验中，如果用电流直接刺激大脑，人的身体就会出现各种各样的反应。比如说，刺激大脑中控制运动的区域时，手腕会不受控制地向上抬起来；或者刺激视觉区域时，眼睛能看到正常人本来看不到的一些颜色。

有些参与了这项实验的人说，他们平躺在床上，在电流刺激大脑的角回区域时，感觉自己飘了起来，一低头就能看见自己平躺着的身体，就像灵魂出窍了一样。

科学家根据这个现象提出了一个假设，那就是，**刺激大脑的角回区域能够引起一种像做梦一样的幻觉症状。**

角回是一个与语言认知、视觉信息等相关的区域，科学家认为这个区域在人类和动物进化的早期阶段就已经形成了。也就是说，动物的大脑早早地就进化出了这个视觉武器，能够使它们在看到别的动物的第一眼时，就本能地判断出对方是敌人还是朋友，从而在残酷的生存竞争中活下来。另外，像灵魂出窍一样俯视自己的身体，就像一个人凝视自己的内在一样，对人类来说，这也是一项非常重要的能力。据说，有很多高水平运动员都拥有这种超能力呢。

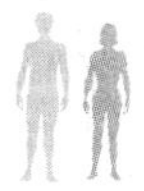

灵魂出窍现象是因为角回区域的活跃产生的！

有些高水平运动员就拥有灵魂出窍的超能力呢。

角回区域的活跃

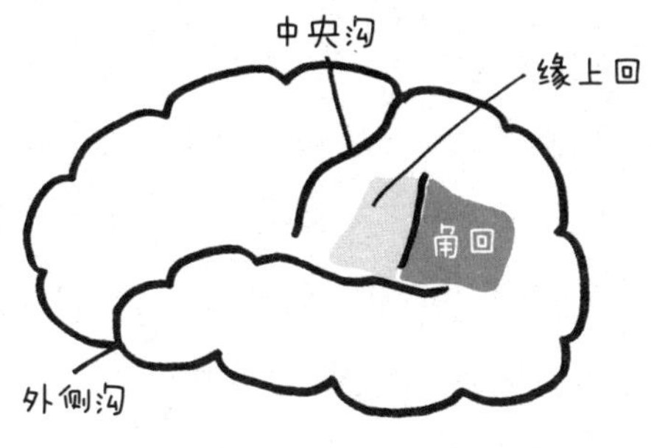

角回

位于大脑顶叶外侧、与语言认知等多种功能相关的一个区域。

什么是灵魂出窍？

也叫“出体经验”，就是一个人的心灵或者意识脱离肉体的现象。

高水平运动员拥有的灵魂出窍能力

在体育运动中，有些运动员就像是灵魂出窍一样，能用俯视的视角盯着自己，集中精力，最后取得好成绩。这是一种神奇的力量（有过这种经历的高水平运动员是少之又少的）。

有人能一下子说出日历上某一天对应的年份、日期、星期几。

大脑能让一个人在特定领域发挥出天才一般的能力。

有这样一群人，他们可能患有智力障碍或者发展障碍，但他们在一些极其特殊的领域却拥有超越常人的能力，这种症状叫作“学者综合征”。比如说，他们能把看到的东西以图片的形式保留在大脑里，或者能把只听了一次的一段音乐立即在钢琴上弹奏出来，等等。

3 “临阵磨枪真的一点用都没有吗？”“当然，一点用都没有！”

只有不断重复，才能形成长期记忆。

在日常生活中，我们每天都能看到、听到大量的信息，脑子里也会想很多的事情，但是其中大部分的内容，我们很快就忘记了。**我们可以根据储存时间的长短，将记忆分为短期记忆和长期记忆。**

具体地说，就是将只能储存几十秒至几分钟的记忆称为“短期记忆”，而将储存时间更长的记忆称为“长期记忆”。

短期记忆的信息容量据说是 7 个组块[1] (chunk)。

工作记忆的储存时间比短期记忆还要短，它是一种在短时间的工作中将信息处理后储存在大脑中的能力。工作记忆的信息容量也比短期记忆少，只有 4 个组块。

在我们的大脑深处有一个海马体，短期记忆一般都短暂地储存在其中。海马体很聪明，它能从我们的耳朵和眼睛等感觉器官接收到的大量信息中，筛选出那些重要的信息，将它们输送给大脑皮层。

那么海马体具体是怎样做的呢？它将与情感相关的**情绪记忆**输送

[1] 组块：在短期记忆的过程中，对输入的个别的、离散的信息重新编码后形成的结果或输出单位。——译者注

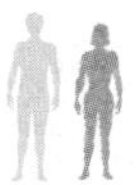

给小脑扁桃体，将与自身经历相关的**情景记忆**输送给前额叶，将与知识相关的**语义记忆**输送给颞叶，将与身体动作相关的**程序记忆**输送给小脑以及大脑基底核，等等。不同的记忆将根据种类被输送至不同的部位，转化为长期记忆。

长期记忆的形成是需要一个过程的，这个过程包括：①识记；②保持；③巩固；④熟记。**暂时记住的内容只有经过不断地重复才会巩固下来，在受到某种刺激时马上就能想起来。**

所以，暂时记住的东西很容易就会忘了，记忆是在重复中形成的，复习就是一个重复的方法。相信你已经明白为什么临时抱佛脚是不管用的了。不要再开夜车,保持充足的睡眠,用长期记忆的方法来学习吧。

经过不断重复记下来的内容，大脑会将它识别成重要信息，这些记忆就更容易被储存下来了。

记忆，是分短期记忆和长期记忆的！

重要的记忆，要经过不断重复才能保留在大脑里。

记忆的种类

- **长期记忆**
  - **陈述性记忆**
    - **语义记忆** 包括词义等知识性内容
    - **情景记忆** 经历或回忆
  - **非陈述性记忆**
    - **程序记忆** 肌肉记忆等
- **短期记忆** —— 工作记忆（操作记忆）

临阵磨枪学习到的东西大部分只能形成短期记忆，很快就会忘掉的。

与记忆相关的大脑系统

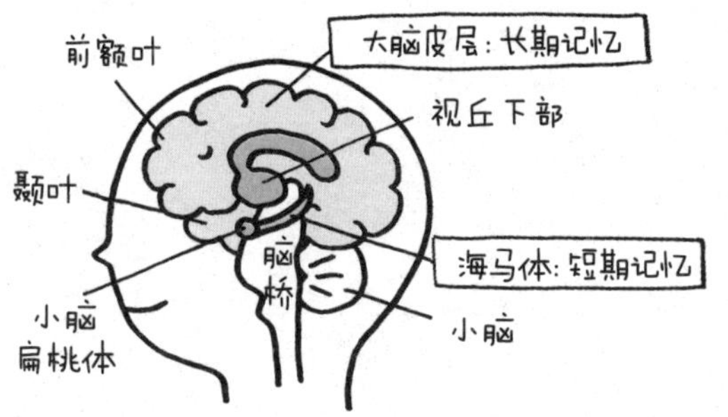

短期记忆会暂时储存在大脑深处的海马体中。海马体会从中筛选出那些重要信息，输送至大脑皮层。

成为长期记忆

储存在海马体中的记忆，如果不断重复的话，大脑就会认为它们很重要，这些记忆就更容易变成长期记忆。

工作记忆只是一个临时笔记本。

工作记忆，是一种能够在大脑中对信息进行暂时性储存及处理的记忆系统，也被称为“大脑的笔记本”。比如，在需要打电话时，我们可以在几秒钟的时间里记住电话号码，而在电话打完后，马上就把号码给忘掉了。工作记忆，指的就是这短短几秒钟的记忆能力，所以工作记忆的容量也是非常小的。

4 为什么做梦会梦见一些想象不到的事呢？

因为平时积累下来的一些记忆和信息随机出现啦。

我们的睡眠分为两种，一种是身体睡着了而大脑醒着，这是“**快速眼动睡眠**”，另一种是大脑虽然睡着了但仍旧与感觉器官或肌肉联动，称为**“非快速眼动睡眠”**。在成年人的整个睡眠过程中，这两种睡眠状态，一般以90分钟为一组的周期循环。快速眼动睡眠是浅睡眠，它的名称来源于一个人在睡着时眼球会在眼皮内快速来回移动，也就是快速眼球运动（REM，rapid eye movement）。

在快速眼动睡眠阶段，大脑边缘系统中的海马体和小脑扁桃体等与记忆相关的部位处于活跃之中，它们正在完成对大脑的维护、保养工作，比如整理、合并信息，或巩固、加深记忆等。

对大脑来说，整理记忆、协调神经元网络的工作，都是非常重要的。但这些任务如果要在白天完成，那对脑容量的要求是极高的。快速眼动睡眠就这样应运而生了。在进化的过程中，人类获得了这项神奇的能力，可以在睡眠中完成对大脑的维护保养任务。

那么非快速眼动睡眠的作用又是什么呢？**在非快速眼动睡眠阶段，大脑皮层神经细胞的活动减少，大脑整体血流速度减慢，进入深**

睡眠状态。大脑在这个时候是处于休息状态的，不过，生长激素也正是在这个阶段里分泌的。

科学家认为，**在大脑整理信息和巩固记忆的过程中，以前的经历和过去的记忆、信息等在大脑中重现，从而产生了一种知觉现象，这个就是做梦**。只不过，在这个过程中，虽然海马体等负责记忆的部位处在工作状态，但负责思考、判断的前额叶却处在睡眠状态，所以我们做的梦常常是不合情理的、随机的、荒诞离奇的。

大多数情况下我们都是在快速眼动睡眠阶段做梦，不过，在非快速眼动睡眠阶段，也是会做梦的。只不过，快速眼动睡眠属于浅睡眠，这时做的梦，我们在起床以后很容易想起来，而在非快速眼动睡眠中做的梦，一般是不会留在记忆里的。

或许，正是因为我们在睡着时做了奇奇怪怪的梦，醒来时才能恢复常态，用正常的意识指挥我们的行动。

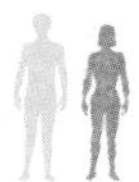

做梦，是大脑在整理信息或巩固记忆时的情景再现。

梦的随机性，是大脑中的海马体和前额叶的杰作。

你做过奇奇怪怪的梦吗？

快速眼动睡眠中大脑的状态

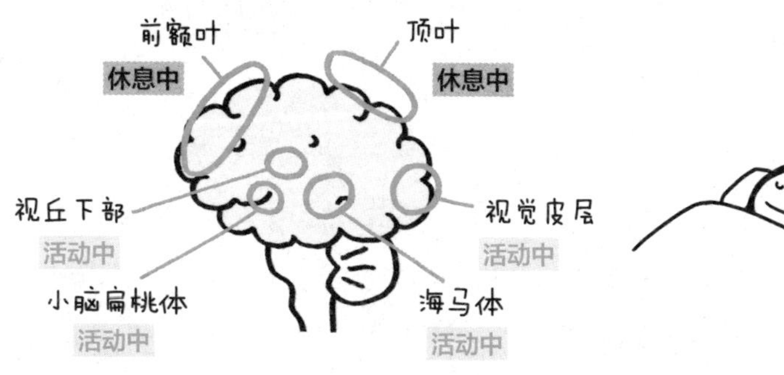

在快速眼动睡眠中，虽然海马体和小脑扁桃体等负责记忆的部位处在工作状态，但负责判断的前额叶却处在睡眠状态，所以储存在海马体中的记忆会随机地出现在梦里。

梦是大脑在维护、保养中发生的情景再现

做梦是一个人在睡眠中删除无用信息、巩固有用信息时产生的一种知觉现象。

快速眼动睡眠与非快速眼动睡眠以约 90 分钟的周期循环

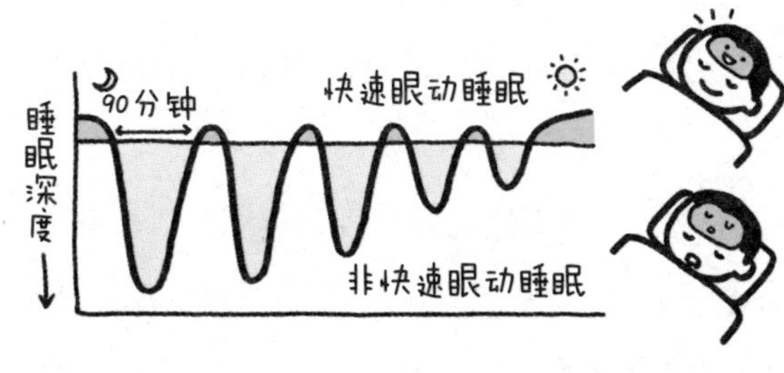

快速眼动睡眠（浅睡眠）

- 大脑内负责记忆的部位接近于醒着的状态
- 身体在休息，但眼球一直在转动

非快速眼动睡眠（深睡眠）

- 大脑皮层处于睡眠状态
- 分泌生长激素

睡眠中的幻觉——“鬼压床”

科学家认为，伴随“鬼压床”出现的恐惧情绪，是小脑扁桃体在快速眼动睡眠阶段的活跃造成的。

意识是清醒的，但身体动不了，想发出声音却一个字也说不出来，胸口上就像是压了一块大石头——这就是人们常说的“鬼压床”（睡眠麻痹）。鬼压床是一种睡眠障碍，它打乱了睡眠的节奏，使人感觉到自己明明已经醒来了，身体却动弹不得，这种状态是睡眠中产生的幻觉。

5 为什么只有人类会说话呢？

语言，是直立行走带给人类的特殊技能。

人类张嘴说话需要完成两个步骤，首先，从肺里发出气流带动声带振动，接着，舌头和嘴唇再将气流送出口腔。**人类是唯一一种能够用嘴呼吸并说话的哺乳动物。**

那么为什么只有人类会用这种方式发出声音从而获得了语言技能呢？这都是直立行走的功劳。

直立行走让人类的气管（空气进入鼻腔的通道）和食管（食物进入嘴巴的通道）都能垂直生长并且直接联结在一起，而其他动物的气管和食管是立体交叉的，气流从口腔输出的通道并不通畅，所以不能像人类一样发出复杂的声音。

我们发出的声音，是气流经过声带振动后，再通过咽腔、口腔、鼻腔发生共鸣和增强之后发出来的。不同的人，发出的声音是有差异的，这是由声道器官的长度和形状、舌头的形状等决定的。

那么你听过自己的声音吗？把自己的声音录下来，仔细听一听，可能会发现不知哪里有点不对劲，和平时自己熟悉的声音有点不一样。但是实际上，录音中的声音，正是别人平时听你说话时听到的声音。

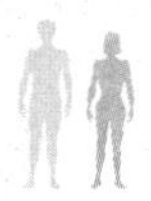

人耳听到的声音有两种，一种是**气导音**，也就是从口腔发出的经过空气传导后传播到耳朵里的声音；还有一种是**骨导音**，是声带振动产生后经过颅骨传播到耳朵里的声音。

我们自己平时在说话时听到的自己的声音，是气导音和骨导音混合的结果。而别人听到的声音和录音中的声音，仅仅是气导音。这就是为什么你听录音时会感觉到不对劲。

人类进化出语言功能之后，就掌握了和同伴交流、充分交换信息的方法。正是因为语言的出现，人类才建成了现在这样以文化和知识为基础的高度发达的社会。

会说话，是直立行走带给人类的礼物！

直立行走使人类的食管和气管直接联结，让人能用嘴呼吸并说话。

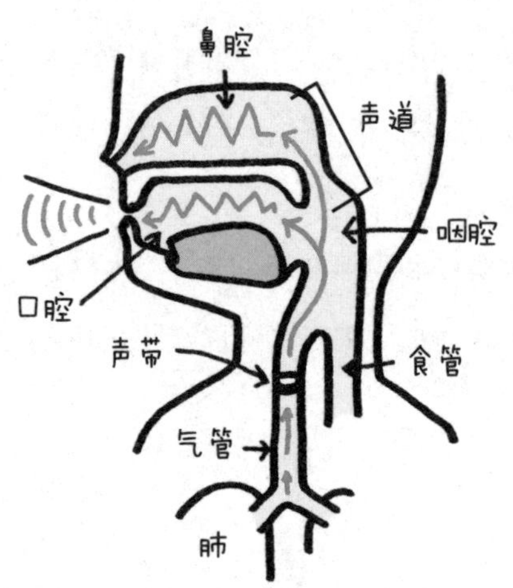

发声机制

声带 从肺发出气流带动声带振动，发出像蜂鸣器一样的声音。

↓

声道 接着，声音在通过咽腔、口腔、鼻腔时发生共鸣，得到增强，频率提升，变成人类特有的声音。

↓

发声、说话

人与人之间音色不同的原因

声道的长短和形状、舌头卷曲的方法、牙齿的排列等的不同，造就了每个人音色的独特性。

声带的发声机制

呼吸时（声带打开）

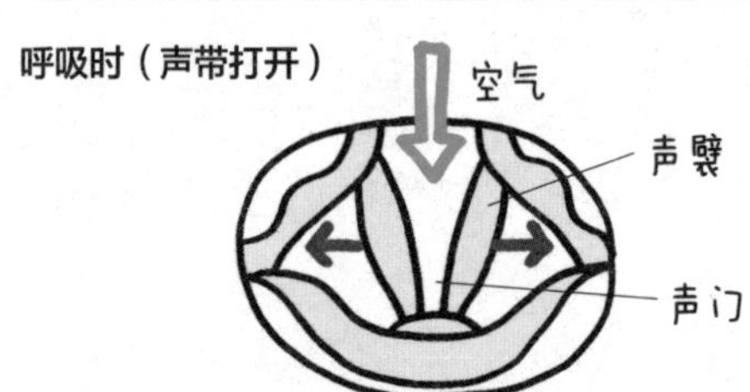

声带是由从左右两侧壁伸出的两条肌肉构成的。呼吸时声带打开，气流通过。

发声时（声带关闭）

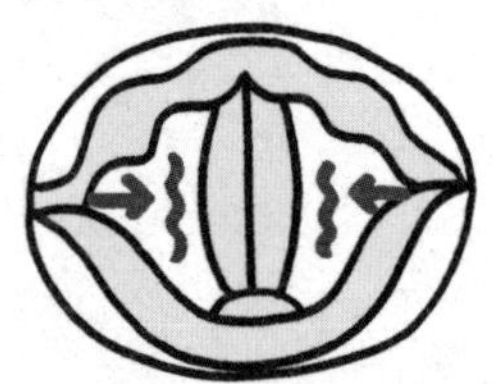

发声时声带关闭，气流撞击声带引起振动，产生声音。声带开合运动的频率可以达到一秒钟几百次。

海豚的叫声其实是一种信息交流系统。

海豚能发出一种独特的叫声（signature whistle，哨叫声），并能通过回声确定自己的位置，这就是“回声定位”，是一种与人类的语言机制相类似的交流系统，同伴之间可以通过这种方式交流信号，实现集体协作。不过，海豚有时会发出像孩子们欢呼一样的叫声，这通常是在单纯地表达它们快乐的心情呢。

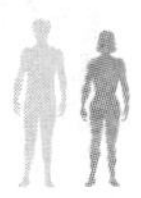

6 一见钟情，只是大脑的错觉呀！

幸福荷尔蒙一分泌，大脑的判断力就下降了。

在相遇的一瞬间，你就喜欢上了他 / 她，你感觉这是命运的安排，爱情的火苗开始熊熊燃烧……这就是一见钟情。**可是，我要告诉你，一见钟情是大脑的错觉。**

每个人都或多或少地有一些择偶的偏好，当你遇到的那个人身上的某一个特质恰好符合了你的期待，大脑就会产生一种错觉，认为这个人就是那个理想中的人，而对他 / 她身上可能存在的你并不喜欢的一些特质视而不见。

这样的一见钟情出现在男性身上的比例比女性更高。女性大多数情况下比较现实，在认真考察过对方的内在世界以及价值观之后，才会喜欢上他。而男性存在更看重外表的倾向，所以对某个女性一见钟情的概率更高。

当你恋爱时，你是不是也会经常心跳加速呢？这是因为大脑在分泌一种叫作苯乙胺（PEA）的神经递质。

PEA 是一种荷尔蒙，它能够使大脑的部分区域麻痹，令大脑的判断力下降。并且，在 PEA 的作用下，大脑中一种名为“幸福荷尔蒙”

的多巴胺大量分泌。两种效果叠加，就容易让人常常处在兴奋之中。PEA 在短时间内迅速扩散，大脑被强烈的幸福感充斥着，就产生了一见钟情的错觉。然而，无论是 PEA 还是多巴胺，都不会永远分泌下去。

PEA 的寿命短则 3 个月，长则 3 年。随着 PEA 分泌的减少，很多人没有了初见时的热情，在冷静地观察对方后，关系也逐渐转向冷淡了。

除了恋爱以外，一个人喜欢什么不喜欢什么，也是由大脑进行判断的。每个人的好恶标准不同，但相同的是，这些标准都是在小脑扁桃体等器官的作用下形成的。

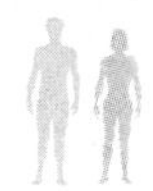

一见钟情是大脑的错觉。

“天然迷幻药”PEA——麻痹大脑的元凶！

一见钟情！

与女性相比，男性天然地更容易一见钟情，陷入恋爱之中。

一个人是怎样坠入爱河的

PEA 的分泌使大脑产生恋爱的错觉，以为是一见钟情，恋爱就这样发生了。

PEA 是大脑的麻醉剂

巧克力中也含有 PEA，所以有人说，情人节送给伴侣巧克力，送的其实是“大脑恋爱神药”。PEA 与多巴胺是同一类物质，是一种麻醉剂，也就是生物碱。

一个人的好恶是由小脑扁桃体决定的

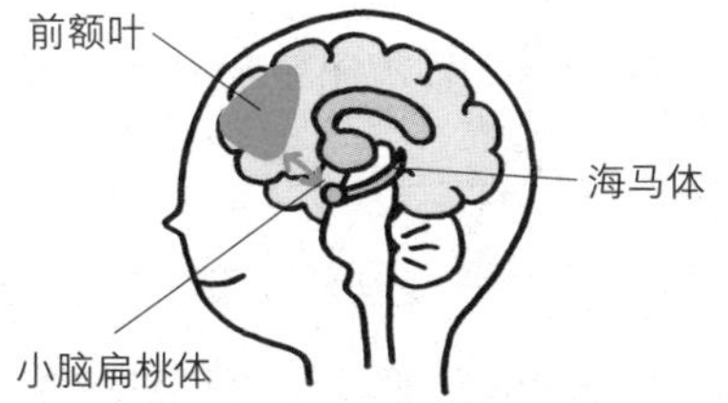

人类的情感，除了爱情之外，还有好恶之情。而好恶又是小脑扁桃体在接收海马体输送来的信息之后做出的判断。当小脑扁桃体判断为喜欢时，大脑就会释放出多巴胺并传导至前额叶。当小脑扁桃体判断为讨厌时，大脑则会释放出肾上腺素，让人发起脾气来。

恋爱超过 3 年，激情就会渐渐退去啦！

PEA 的寿命短则 3 个月，长则 3 年。这是因为，PEA 虽然能够带来强烈的快感，但是如果持续分泌，会破坏大脑的感受器。当 PEA 的效力减弱时，有一些情侣的关系可能会变得冷淡。当然，还有一些情侣，他们的恋爱荷尔蒙虽然减少了，但亲情荷尔蒙开始分泌了，所以，他们就从情侣关系转变为夫妻关系了。

7 运动神经发不发达，是由什么决定的呢？

其实与神经无关，而是与运动能力的高低有关。

运动神经，通常指的是运动神经末梢，即我们的身体需要做一个动作时，大脑发出的指令传达到全身各个部位所要使用的信息通道。没有运动神经，我们就不能随意地活动身体，不能走路，不能用手抓握东西。运动神经的活动本身是没有好坏之分的，大脑向肌肉传达信息的速度在不同人之间也没有太大的差别。

那么为什么在现实生活中，有些人很擅长运动，而有些人却在运动方面表现不佳呢？

其实，运动能力的高低与运动神经无关，而与能不能按照自己的想法做出想做的动作有关。运动能力差的人，只是不能顺利地将大脑中的指令传达给身体，做不好想做的动作而已。

而运动能力好的人，他们的大脑能够准确地接收到复杂的信息，在做出准确的判断后向肌肉传达命令，肌肉能够准确地完成大脑的指令做出相应的动作。

令人欣慰的是，**通过反复练习，运动能力是可以改善的。尽管一开始运动能力差，但是，在坚持练习的过程中，运动能力将会增强。**

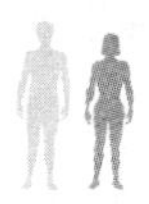

这是因为，大脑中指挥运动的部位在确认动作出现了小偏差之后，就会向小脑发送信号，调整神经回路。也就是说，评价一个人的运动神经好或不好的说法是不准确的，准确的说法是运动能力的高或低。

也许大家还不知道，神经系统的发育是会受到环境的影响的。如果把一个人 20 岁时神经系统的发育程度看作 100 分的话，那他在 5 岁左右就已经达到了 80 分。而在 5~12 岁活动身体的方式，对他运动能力的发展是有很大影响的。

所以，为了提高运动能力，在童年期尤其是 9~12 岁的黄金年龄里，坚持一项或几项适合的运动，是非常重要的。

运动神经到底是什么呢?

它是传达大脑指令的信息通道。

运动神经的工作机制

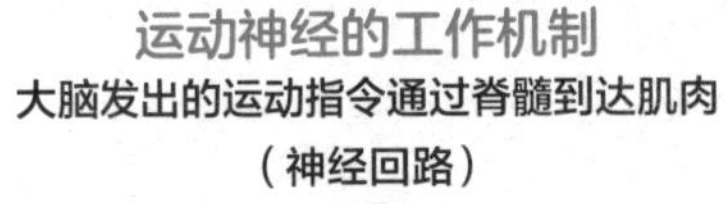

大脑发出的运动指令通过脊髓到达肌肉

(神经回路)

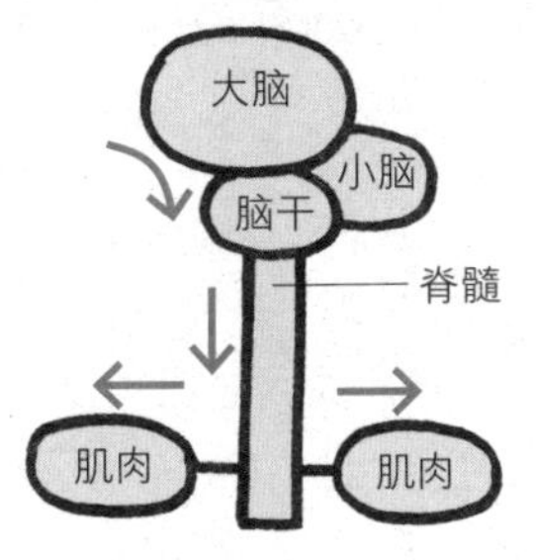

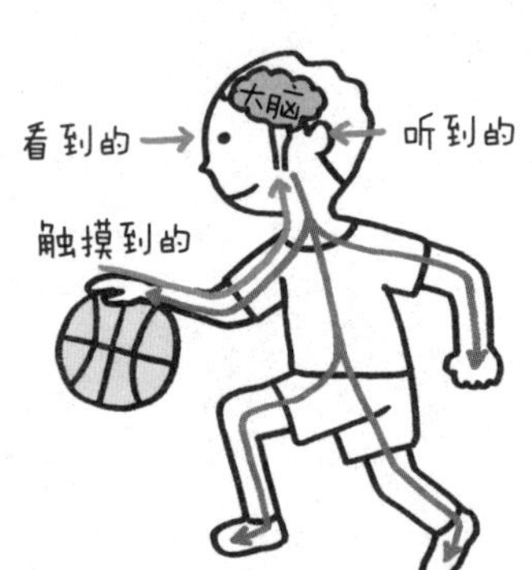

任何人的运动神经都能变好!

要正确调整运动神经回路,
就要反复地练习。

在反复练习的过程中,大脑会记住肢体表现较好时的神经回路并相应地做出反应。比如,当你看到一个球飞过来时,大脑会记住你在使用哪些肌肉时接球接得最好,反复地锻炼这一部分肌肉,你的运动能力就会逐渐提高。

“运动白痴”会遗传吗?

有很多世界级的高水平运动员的运动能力,是受到了父母遗传的影响。尤其是在肌肉组织的结构特点等方面,遗传因素起了很大的作用。不过,大多数“运动白痴”的形成,却是幼年时期户外运动比较少导致的。所以,在 9 ~ 12 岁的黄金年龄适当地运动,提高运动能力,是非常有必要的。

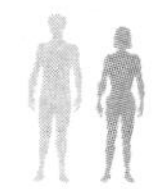

8 据说，痒也是一种轻微的疼痛？

它们是两种由不同神经传导的不同感觉……

假如指尖上破了一个口子，身体里的痛觉感受器，也就是一种能够感知伤害的神经细胞组织，就会向脊髓发出信号。信号从脊髓出发，经过感觉传导通路，到达大脑皮层中一个被称为“**躯体感觉区**”的、能够处理痛觉信号的部位。大脑接收到这个信号，人体才感觉到疼痛。接着，**痛感让大脑感受到某种异常状况出现了，进而发出防卫指令，比如从危险中逃离等。**

同样，痒也是一种传递异常状况的信号。**当皮肤表面受到外界刺激时，体内因为过敏反应而产生组胺（histamine）等致痒物质，神经末梢捕捉到这些刺激，向大脑发出信号，大脑就会识别出这种“痒”的感觉。**

由于痛感和痒感存在一些共同点，很多人认为，它们都是由痛觉神经感受到的症状，“**痒就是一种轻微的疼痛**”。然而事实并非如此。举例来说，包括胃在内的一些内脏器官，能感受到痛，却感受不到痒，由此可见，**痛和痒是由两种不同的神经传导的。**

传导痒的神经被称为“C 类纤维”，是一种细细的、信息传导速度很慢的神经。

不过，传导速度很快的“A类纤维”神经中，也有一部分可以传导痒的感觉。

虽然痒和痛有不同的传导通路，不过，引起痒感的组胺有时也会引起痛感，而能够抑制痛感的辣椒碱有时也可以用来减轻痒感。所以，**一直到现在，大家还是认为，痛和痒之间是存在某种复杂的关系的。**

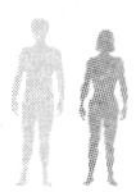

痛和痒是通过不同的神经通路传导至大脑的。

不过，痛和痒都是传递身体异常状况的信号。

痛的产生

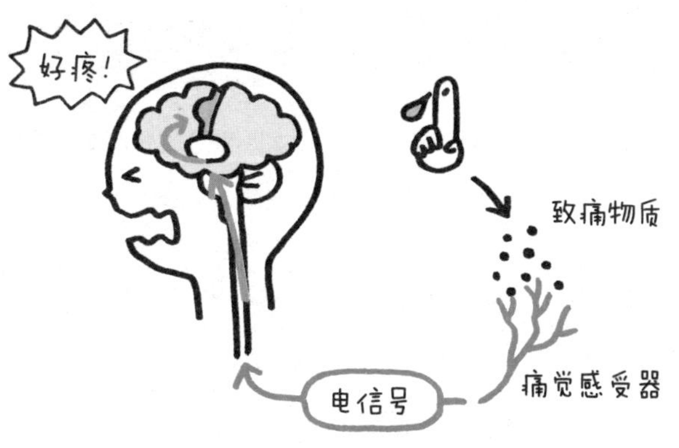

当我们身体上的某个地方受伤时，身体里的一种神经细胞组织——痛觉感受器，会受到致痛物质的刺激，向脊髓发送疼痛刺激的信号，信号经过脊髓后到达大脑，大脑识别信息后，接收到痛的信号。

痒的产生

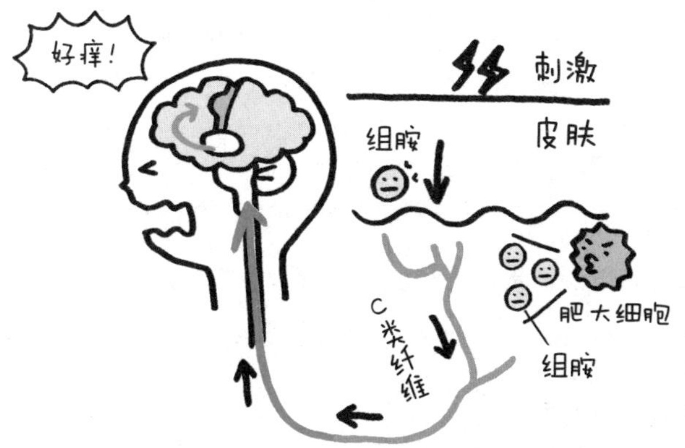

当皮肤表面受到刺激，或者皮肤里的肥大细胞分泌出组胺等致痒物质时，C类纤维作为知觉神经，会将这些信号传输至大脑，大脑就接收到了痒的信号。

“怕痒”也是遇到危险的信号吗？

被挠痒痒时无法控制地发笑，其实是自律神经的过激反应。

我们的身体有一些容易怕痒的部位，比如，耳朵周围、脖子、胳肢窝、脚背或脚心，等等。这些部位大都属于危险部位，因为动脉离皮肤表面很近。因此这些部位周围布满了自律神经，对于外界刺激非常敏感。原本小脑对这些部位的感觉是能够控制的，但当这些部位被别人突然挠了一下时，预料之外的刺激让小脑陷入混乱，由此产生的不适感，就是“痒”的感觉。

9 为什么年龄越大越容易忘事呢？

年龄增长导致的健忘，可不等于老年痴呆哟！

年龄一大，人就变得爱忘事了，想记住一点新知识，也要花费更长的时间。当健忘变得越来越厉害时，很多人心里就开始焦虑起来，怀疑自己得了老年痴呆。其实，年龄增长导致的健忘是每个人都会经历的事情，容易忘事并不一定就代表着患上了老年痴呆。

所谓老年痴呆，是指一个人在脑细胞受到损伤或者活性下降后，脑功能出现各种障碍，导致日常家庭生活以及社会生活无法正常进行的一种状态。

老年痴呆的主要病因中，最为知名的是由脑神经周围的β－淀粉样蛋白蓄积导致的**阿尔茨海默病**，此外还有血管性痴呆、路易体痴呆、额颞痴呆等。慢性硬膜下血肿和甲状腺功能减退也会呈现出痴呆的症状，但这些痴呆大多数是大脑血流速度降低引起的。

患上老年痴呆后会表现出多种多样的症状，除了爱忘事（记忆障碍）以外，还会出现判断能力和理解能力下降、不记得时间地点、不认识人的情况，也就是认知功能障碍，以及过去能做的事情现在却不会做了，即执行功能障碍。

年龄增长导致的健忘，与老年痴呆之间有一个最大的不同之处，那就是：能不能意识到自己爱忘事。比如说，当你能意识到自己爱忘事，并且会因此担忧时，这就只是普通的健忘而已；而患上老年痴呆的人根本不会意识到自己爱忘事，他会连自己爱忘事这件事本身也忘掉。还有，年龄增长导致的健忘可能会让人忘记自己过往的经历，但在别人提醒后，大多数情况下还是能够记起来的；而老年痴呆导致的记忆障碍，则会将过往的经历抹杀掉，即使有人提起、提示，也还是想不起来。

不过，虽然两者之间存在这些不同，但老年痴呆早期的症状与年龄增长导致的健忘十分相似，因此，如果出现了这些症状，还是尽早去医院做检查明确情况比较好。

爱忘事和老年痴呆的区别是什么呢？

一个是年龄增长导致的健忘，另一个是老年痴呆引起的认知功能障碍。

让我们对比一下爱忘事与老年痴呆吧。

年龄增长导致的健忘

- 能够意识到自己爱忘事
- 会忘记一部分生活经历
- 日常生活能力正常
- 人格没有变化

年龄增长导致认知功能障碍

- 不会意识到自己爱忘事
- 忘记自己过往的经历
- 日常生活存在障碍
- 有些人的人格会发生变化

一种最普遍的老年痴呆症——阿尔茨海默病

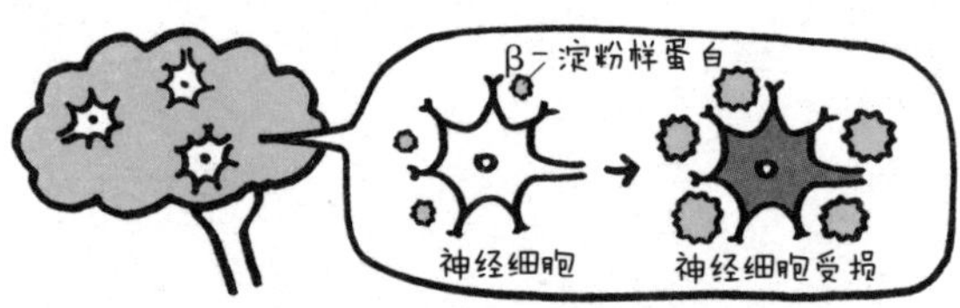

所有老年痴呆疾病患者中约有一半是患有阿尔茨海默病。除此之外，还有路易体痴呆、血管性痴呆等。

阿尔茨海默病

大脑一点一点地萎缩，认知功能逐渐减弱。β-淀粉样蛋白过度蓄积，导致神经细胞受损，神经递质减少，整个大脑的体积也逐渐缩小。

出现这些情况，有可能是老年痴呆的初期症状！

不记得已经吃过饭了，或者提醒他吃饭时他说已经吃过了；出门买东西，却忘了要买什么，等等。这些都是老年痴呆引起的认知功能障碍，属于老年痴呆的核心症状。

专题 人类被 AI 支配的那一天，真的会到来吗？

识别、推断、语言的运用、创造，这些智力活动，过去是人类独有的，而现在，人工智能（AI，artificial intelligence）也能够做到了。在国际象棋、围棋、象棋比赛中，人类与人工智能进行了几次对战，结果 AI 击败了人类顶级选手，获得了胜利。那么未来，AI 真的会像科幻电影中演的一样，产生自我意识，凌驾于人类之上吗？

AI 研究领域的世界级权威、美国专家雷·库兹韦尔在他的著作《奇点临近：当计算机智能超越人类》（*The Singularity is Near:When Humans Transcend Biology*）(2005 年）中预测道，AI 一旦能够自主地优化自己的程序，就可以按照指数级别的增长速度持续复制、进化，在到达某一个时间点时，AI 的智慧将会超越全人类智慧的总和。

雷·库兹韦尔对未来的预测，提到了“技术奇点”（technological singularity）的概念。他预测技术奇点将在 2045 年到来，在那之后，世界范围内的发明创造都将由 AI 完成，而人类甚至连技术进步的方向都无法预测。

第2章

神奇的消化器官和泌尿器官

食物的消化、吸收和排泄

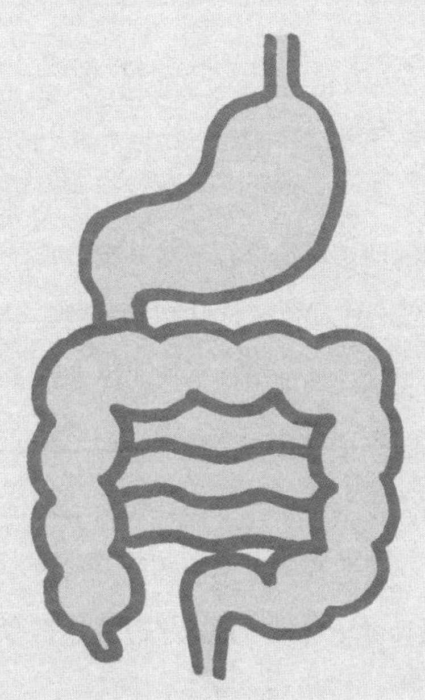

10 唾液、唾沫、口水，它们之间有区别吗？

它们都是指嘴巴里分泌出来的消化液。

唾液、唾沫、口水其实是同一种东西，它们都是指从嘴巴里分泌出来的消化液。

在日常生活中，我们将唾液通俗地称为“唾沫”，将无意识地流出唾液的行为称为“流口水”，将有意识地吐出唾液的行为称为“吐口水”。

唾液中 99% 的成分是水，而剩下不到 1% 的成分是消化液，其中含有淀粉酶，能够消化淀粉。

那么唾液的作用是什么呢？首先，唾液混合在食物里，可以起润滑作用，使咀嚼和吞咽的动作变得更容易；其次，它还有抑菌防菌作用，能够防止细菌繁殖；再次，它能够保护口腔黏膜，清洁口腔内部；最后，唾液还可以使人更加流畅地说话。这些都是唾液的重要功能。

除此以外，唾液还能防止酸性物质腐蚀牙齿。牙齿表面的牙釉质在遇到酸性物质时容易发生溶解。而强酸性物质通常也是有毒的，唾液能将有毒物质清洗掉，这也是一种本能的防卫行为。所以，我们吃梅干或者柠檬之类的酸性食物时，口水比平时分泌得多，就是因为唾

液要稀释这些酸性物质。

有趣的是，只要我们一看见酸的食物，甚至还没把它们放进嘴里，口水就已经冒出来了。这是因为大脑记住了酸味物质的口感，分泌口水是一种条件反射。

在我们的嘴巴里面，腮腺、颌下腺、舌下腺、舌头、上颚等口腔内的黏膜上分布着很多的小唾液腺，唾液就是从这些小唾液腺里分泌出来的。一个成年人每天分泌唾液 1~1.5 升。唾液的分泌量会随着人年龄的增长而减少，另外，生活不规律、压力大、糖尿病、药物的副作用等也会导致唾液的减少。

有些人张着嘴睡觉时，嘴角会流出口水来，这是用嘴巴呼吸导致的。

用嘴巴呼吸时，为了防止口腔内过于干燥，嘴巴里会大量分泌唾液。不过，口呼吸会增加患上各种疾病的风险，所以，**我们还是应该有意识地培养用鼻子呼吸的习惯，避免用嘴巴呼吸。**

唾沫和口水是口头语，都是指唾液。

它们都是口腔中分泌出来的消化液！

无意识地流口水

- 唾液的成分 99% 是水，几乎无味。
- 口臭的产生与口腔中的病毒、厌氧菌、食物残渣等有关系。

有意识地吐唾沫

唾液可是非常厉害的

唾液主要是由腮腺、颌下腺、舌下腺这三大唾液腺分泌的，每天分泌 1~1.5 升。

净化作用
能够冲洗掉口腔内的细菌及食物残渣。

抗菌作用
能够抑制口腔内杂菌的繁殖。

缓冲作用
能够中和口腔内偏酸性的环境。

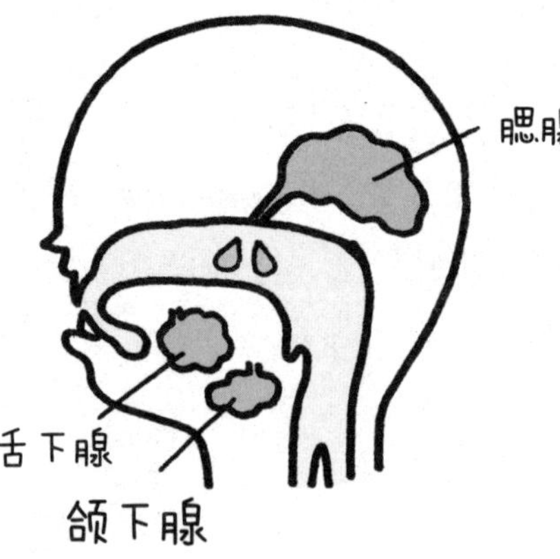

消化作用
消化酶能够初步分解食物，便于肠道吸收。

再矿化作用
修复牙齿表面的牙釉质，预防蛀牙。

保护黏膜的作用
能够使口腔黏膜保持湿润，预防损伤。

一看见酸的东西就流口水，这是条件反射。

巴甫洛夫的狗

由于大脑已经记住了吃到酸的东西时的感受，所以我们一看到酸的东西，嘴巴里就会开始分泌口水。关于条件反射，有一个实验非常有名，那就是“巴甫洛夫的狗”。在实验中，每次给小狗投喂食物时都摇响铃铛，持续一段时间后，即使没有食物，只摇响铃铛，小狗的嘴巴里也会流出口水，这就是条件反射。

11 “我饱啦，但甜点有多少我就还能吃多少！”真的能做到吗？

胃可以自由伸缩，最多能膨大15倍呢！

我们的胃具有很强的伸缩能力。**成年人在空腹的情况下，胃容量约为100毫升，差不多是一个棒球大小，饱餐之后会发生膨胀，最多能够容纳1.5升左右的食物，据说再多吃一点的话，胃还能再扩张得更大一点。**胃最大的功能是暂时存放食物，并将食物消化成米粥一样的糊状物，再输送至小肠。

胃位于膈下方靠左的位置。**由于膈的下方只有肝脏，余下的空间都可以供胃使用，因此胃能够自由自在地伸缩。**

我们常听到有人说："我饱啦，但甜点有多少我就还能吃多少。"一般来说，当一个人吃饱以后，大脑视丘下部的饱腹中枢会发出"吃饱了"的信号，提醒人停止进食。**不过，我们一看到自己爱吃的东西，还想吃的欲望就会占据上风，大脑开始分泌食欲素，促使胃部肌肉松弛。这时，即使我们已经吃饱了，但我们的胃还能继续容纳新的食物。**不过，近年来，"吃饭七分饱"已经成为一个普遍的健康常识，所以即使觉得自己还能再吃，也还是应该克制食欲，在有饱腹感时停下筷子。

那么，那些大胃王呢？他们可以面不改色地吃掉 10 千克以上的食物，他们的胃和我们有什么不同吗？**其实，大胃王的胃并没有特别之处，他们只是通过日复一日的训练，提高了胃的柔韧性，一点一点地扩大了胃的容量而已。**

人类的胃几乎全部由肌肉构成，因此，通过肌肉训练提高胃的容量是一种有效的方法。不过，这种训练也是有一定风险的，不可以随便模仿哟。

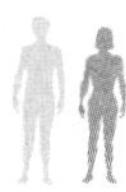

胃能膨大到什么程度呢？

胃可以自由伸缩，最多能膨大 15 倍。

餐前

100 毫升

差不多是一个棒球大小

胃基本是由肌肉构成的，可以像气球一样自由伸缩。

餐后

1.5 升

差不多是一个容量为 1.5 升的矿泉水瓶的大小

“我吃撑了，但还能吃下甜点。”——这是大脑在发号施令

看到甜点

大脑开始分泌一种名为“食欲素”的荷尔蒙。

胃部的肌肉变得松弛，胃里的一部分食物进入小肠，原本已被填满的胃又有了新的空间。

那些常常参加比赛的大胃王，会通过大量喝水的方法将胃撑大，扩大胃的容量。

食量大的人和普通人之间，胃其实并没有太大的区别。

那些食量大的人，他们的腹部有足够的空间，胃膨大以后不会影响其他内脏的位置；他们的肠道蠕动也很活跃，食物很快就从胃到达小肠，营养吸收不充分，也不容易产生饱腹感。这些都是他们食量大的原因。不过，这些特点属于天生的体质差异，单论胃的容量，他们与普通人之间没有太大的差别。

12 饿的时候，肚子为什么会咕噜咕噜响呢？

这可是你的肠胃正在努力工作的证明哟！

当你感觉到饿的时候，你的肚子是不是会咕噜咕噜地响呢？这种声音被称为“肠鸣音”。

我们吃下的食物，是经过食管从贲门进入胃里，经过胃的蠕动之后，再从幽门进入小肠的。在蠕动的过程中，胃液与食物混合，胃液中的胃蛋白酶将食物中的蛋白质分解后，这些食物变成了糊状物，被输送至十二指肠内。当胃里没有了食物的时候，十二指肠会分泌胃动素，引起强烈的胃收缩活动，也就是“**饥饿收缩**”。

饥饿收缩的目的，**是将胃里仅剩的一点食物挤压到十二指肠内，在挤压食物的同时，胃肠道中的空气也会受到挤压，就会发出咕噜咕噜的声音**。也许有人不喜欢这种声音，怕被别人听到，觉得不好意思，**但实际上肠鸣音正是肠胃功能活跃的信号，是肠胃健康的证明**。收缩运动能够将胃里的残留食物清理干净，起到清扫消化器官的作用。

有很多人爱吃零食和夜宵，这会让他们的胃得不到休息，不会产生饥饿感，增加患糖尿病和高血压的风险。这一点需要格外注意一下。

另外，除了胃里缺少食物会让我们感觉到饥饿以外，有一些别的

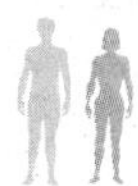

情况也会触发饥饿感。比如，我们在剧烈运动之后，血糖值降低，体内蓄积的脂肪开始分解，产生大量的游离脂肪酸，为身体提供能量。这时，我们的身体会识别到能量不足，并认为是由空腹导致的，便会发出进食信号，促使身体补充新的能量，饥饿感就产生了。

饥饿收缩促使食物由胃向肠道蠕动，在这个过程中会有气体产生，这也是肠鸣音形成的另一个原因。另外，精神紧张和心理压力大也会对肠胃造成刺激，也会导致肠鸣音出现。

还有，当我们拉肚子或者肚子疼的时候，肚子周围可能也会有咕噜咕噜的声音。这种声音代表的含义是，肠胃已经完成了对食物中营养素的吸收，急需将残渣排出体外，所以，小肠和大肠都在剧烈地蠕动，咕噜咕噜声就是这样来的。

肚子里有响声是怎么回事呢?

这是肠胃健康、肠胃功能活跃的证明。

肠胃在收缩,
能将残留的食物
清理干净。

肠鸣音是怎么形成的呢

胃收缩时挤压胃里的空气,发出声音(空腹时收缩)。

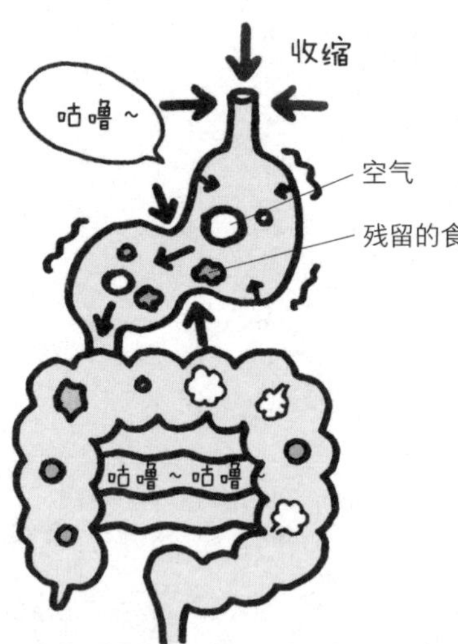

肠内细菌产生气体,对肠道形成刺激,发出声音(饥饿收缩)。

*** 肚子疼时伴随的咕噜声,是表示食物营养吸收已经完成,要尽快将残渣排出体外。**

反复腹痛和腹泻,要警惕“过敏性肠道综合征”。

所谓“过敏性肠道综合征”,指的是由心理压力等原因引起的身心失调,消化器官并没有实质病症,但却反复腹痛、腹胀,排泄紊乱。比较具有代表性的现象就是,有的病人在上班的路上突然出现腹痛、腹泻的感觉,不得不在中途紧急下车跑进厕所里。

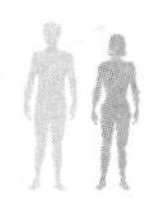

13 饭后烧心到底是怎么一回事？

它是胃液、胃酸反流刺激黏膜引起的疼痛。

当我们暴饮暴食或吃了高脂肪的食物以后，胸口部位的食管里会产生隐隐约约的灼热感、疼痛感、不适感，这就是我们常说的“**烧心**”。

那么为什么会烧心呢？我们的胃有一个入口，叫作贲门。**如果贲门处的食管下括约肌打开，混有胃液和胃酸的食物会反流到食管里，刺激食管黏膜，就会出现烧心的症状。**

贲门作为食物进入胃里的通道，为了防止食物反流，通常是关闭的。如果吃了太多食物，胃消化食物的时间变长，食物会积压在胃里。

这时，食管下括约肌变得松弛，食物反流到食管，就会出现烧心的症状了。这类烧心根据其病因有一个正式的名称，叫作“胃食管反流病”（GERD）。

GERD 有时会伴随食管黏膜糜烂或溃疡的症状，有时则没有。如果通过内窥镜检查，发现食管存在糜烂或溃疡的症状，就属于“反流性食管炎”，在老年人或肥胖人士中比较多见。

如果食管黏膜没有病变，则属于“非糜烂性胃食管反流病”，在体形偏瘦的年轻女性中比较多见。

肥胖、妊娠、便秘等都有可能给内脏器官带来压力，容易导致GERD，典型的症状就是在空腹时或者在半夜感觉到烧心。有时食管以外的其他部位也会出现症状，比如喉咙不适、嗓音嘶哑、胸痛、咳嗽，等等。

此外，食管黏膜不同于胃黏膜，当它受到胃酸的刺激时并不会启动保护机制。如果反流性食管炎反复发作的话，可能会导致**巴雷特食管炎**，并有可能进一步导致巴雷特食管腺癌。

那么，为了预防食管疾病，我们应该怎么做呢？脂肪含量高的食物会促进胃酸的分泌，所以我们应该多吃低脂食物，并且戒烟、节制饮酒，改善生活习惯。

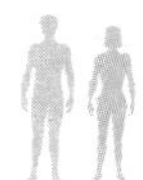

这些都是烧心的具体症状哟！

不要过度饮食，少吃高脂食物！

烧心是怎么产生的

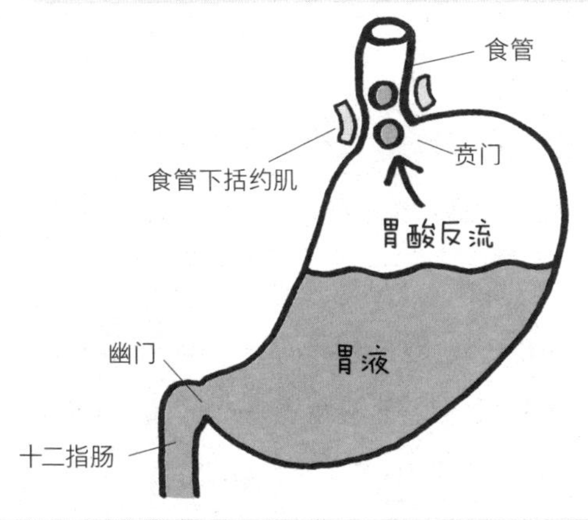

烧心

一下子吃得太多，或者吃了脂肪含量高的食物时，食管下括约肌变得松弛，腹压上升，胃里的食物和胃酸反流，引发烧心的症状。

如果在内窥镜检查中发现食管黏膜存在异常病变（糜烂或溃疡），就属于“反流性食管炎”。

为了防止食物反流，刚吃完东西不要马上躺下。

为了预防胃食管反流症，我们要改掉这些生活习惯！

- 过量饮食，尤其是脂肪含量高的食物
- 抽烟、过量饮酒
- 含胸驼背
- 腰带系得太紧
- 积攒压力，缺乏释放

14 “肠道是人的第二大脑”是什么意思？

大脑和肠道之间有一种特殊的协作关系。

肠道的功能是分解唾液和胃无法分解的脂肪，小肠褶皱上的绒毛负责吸收营养物质，而大肠则负责吸收水分，同时将废弃物以粪便的形式排出体外。

肠道含有大量的神经细胞，数量仅次于大脑，形成了一个独立的肠道神经系统，**无须大脑的指令就能够独立地开展工作，因此肠道被称为人的“第二大脑”**。不过，肠道与大脑之间的关系仍然是十分密切的。当大脑感受到精神压力时，可能会导致腹痛，而当肠道功能出现问题时，也可能导致失眠、心慌、忧郁等症状，所以，大脑和肠道之间是存在关联性的。

大家可能不知道，被称为幸福荷尔蒙的神经递质——血清素，约有90%是在肠道中分泌出来的。因此我们甚至可以说，一个人的情感，也是由肠道环境决定的。

肠道里生存着大约60%的人体免疫细胞，是人体最为重要的免疫器官。**特别是肠道内100多种、数量多达100兆的细菌，它们构成了肠道菌群，也被称为“肠内flora”（肠内菌丛）**。简单来说，肠道菌群

可以根据它们的功能，划分为三个大的种类，分别是**有益菌**、**有害菌**和**共生菌**。

这些菌群之间的平衡状态，会随着年龄、饮食习惯、体质等的变化而不断地发生变化。**一个健康人的肠道菌群的比例，应该是有益菌 20%、有害菌 10%、共生菌 70%**。但是，当人超过 60 岁之后，肠道内的有益菌比如较为知名的双歧杆菌等，就会急剧减少，肠道内的环境会逐渐恶化。

一旦肠道菌群的比例失调，就会导致便秘、腹泻、过敏、慢性疾病等，对身体产生各种各样的负面影响，因此，我们都应该积极地调节肠道菌群，努力使它们保持平衡。

这就是肠道被称为第二大脑的原因！

肠道能独立发挥功能，同时又与大脑有着深刻的关联。

肠道影响大脑

肠内环境的变化，会让人感到紧张或者放松。

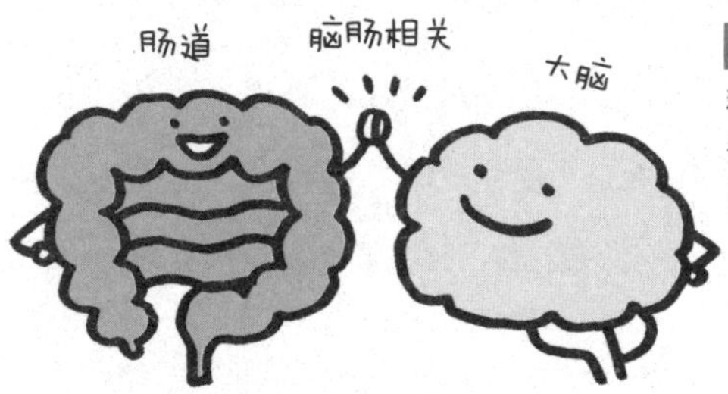

大脑影响肠道

精神压力过大可能导致肠道功能改变，引起便秘或腹泻。

什么是“脑肠相关”？

是指大脑与肠道之间，通过自律神经的作用或荷尔蒙的分泌，相互影响的现象。

肠道作为第二大脑，拥有神奇的能量

肠内 flora（肠内菌丛）

肠道内的细菌按照菌种排列，同一菌种的细菌密密麻麻地挤在一起，这种状态就像花田（flora）一样，因此而得名。

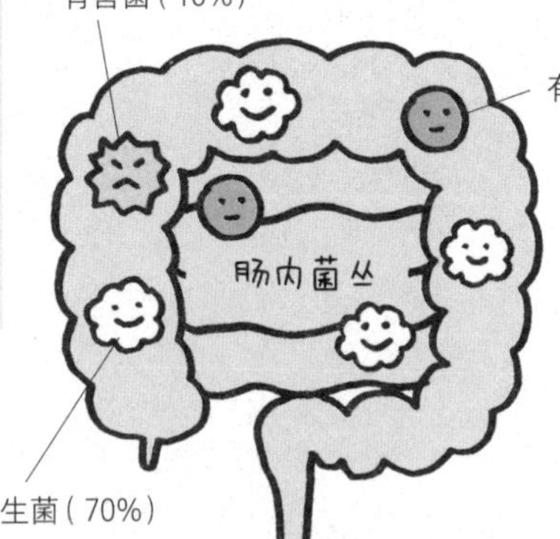

- 被称为幸福荷尔蒙的神经递质——血清素，约有 90% 是肠道分泌出来的。
- 肠道里生存着大约 60% 的人体免疫细胞，能够预防外敌入侵。

肠道喜欢哪些食物？

发酵食品 增加有益菌

纳豆、奶酪等

食物纤维、低聚糖 为有益菌提供食物

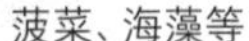

菠菜、海藻等

玉米、香蕉等

含低聚糖的食物也属于含糖食物，要控制摄入量。

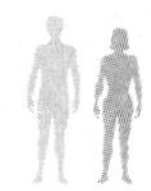

15 放屁与打嗝，为什么屁更臭呢？

屁的臭味与肠内环境有关。

有句俗语是，“粉刺和瘤子，想长哪儿就长哪儿”。放屁和打嗝也一样，时间、地点都不由人。**打嗝和放屁就像一对兄弟，都是由于吞咽空气形成的。**

通常，我们呼吸时吸入的空气，会经过气管进入肺里。而造成打嗝和放屁的空气，其实是我们吃东西的时候和食物一起进入胃里的。

吃东西、咽唾沫、聊天时，我们会在不知不觉中将空气咽到肚子里。还有，喝了啤酒或碳酸饮料以后，二氧化碳气体也会积聚在胃上部。**一旦这些气体超过一定量，胃里的压力增大，贲门就会被打开。气体从打开的贲门释放出来，反流到口腔中再排出体外，这就是打嗝。**

剩下的空气，则随着食物残渣一起到达肠道，通过肛门排出体外，也就是放屁。

屁的气体成分包括氮、氧、二氧化碳等，这些成分是没有臭味的，但有些屁却是有臭味的，这是为什么呢？

肠道内的细菌在分解食物残渣、吸收营养的过程中会产生新的细菌，并形成硫化氢等气体，这些气体才是臭味的来源。所以，一个人放的屁是什么味道，跟他吃了什么有关。

吃了肉类、奶酪、鸡蛋等动物性食物或者有刺激性味道的食物比如大蒜等，就会产生臭味气体，而吃了白薯、卷心菜之类的高纤维蔬菜产生的气体基本没有味道。所以，味道是由肠内环境决定的。

一般来说，健康人一天平均要放 5~6 个屁。如果想要放屁，又憋着不放，有可能会危害身体健康，所以不要总是憋着哟。

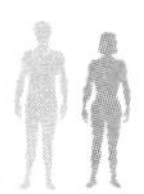

放屁和打嗝，都是因为吞咽空气形成的！

就是与食物一同进到肚子里的空气。

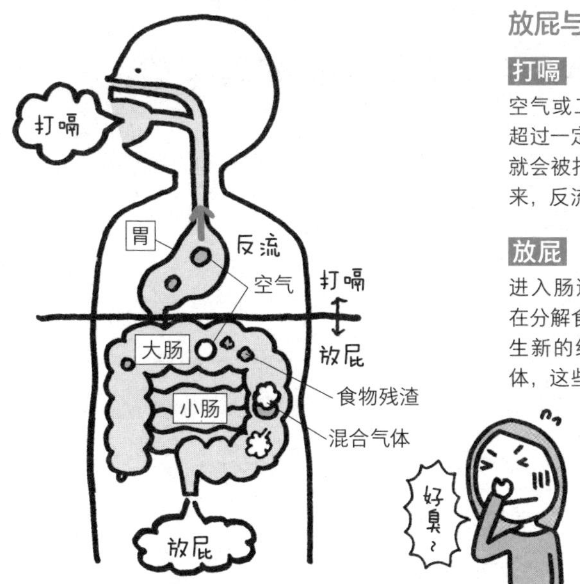

放屁与打嗝的过程

打嗝

空气或二氧化碳等气体积聚在胃上部，超过一定量后，胃里的压力增大，贲门就会被打开，气体从打开的贲门释放出来，反流到口腔中再排出体外。

放屁

进入肠道的空气，以及肠道内的细菌在分解食物残渣、吸收营养的过程中产生新的细菌并随之形成的硫化氢等气体，这些气体由肛门排出体外。

屁的臭味与肠内环境有关

有益菌分解食物产生的气体大多没有味道。

有害菌分解食物产生的气体含有氨气、硫化氢等，属于臭味气体。

屁如果憋着不放，会从嘴巴里出来吗？

不会的。屁的一部分成分会被身体吸收，比如进入血液参与全身循环，或者溶入尿液里，又或者通过肺在吐气时吐出来，可能都会带着一点臭味。不过，屁是不会原原本本地从嘴巴排出体外的。所以，出于健康考虑，想放屁时尽量不要憋着不放。

16 酒量好和酒量差的人，到底哪里不一样?

能不能快速地分解酒精，是由基因决定的。

我们喝酒之所以会喝醉，是因为我们的身体在代谢酒精的过程中产生了“乙醛”这种物质。

进入人体内的酒精，首先会被胃和小肠吸收，然后输送至肝脏，肝脏代谢中产生的乙醛又分解形成乙酸，随着血液在全身循环，最后被分解为二氧化碳和水，通过尿液、汗液、呼气排出体外。

乙醛分解，需要**乙醛脱氢酶（ALDH）**的参与。ALDH又分为高活性、低活性和无活性。

酒量差的人是因为ALDH受到遗传影响，属于低活性或者无活性，因此无法快速地分解乙醛，一小杯啤酒，就能让他们脸色泛红、想吐、头疼、犯困等，也就是出现了“酒精性脸红反应”。

据说，大约40%的日本人属于ALDH低活性，大约4%属于无活性，所以大约一半的日本人酒量是比较差的。

ALDH的活性是受遗传影响的，如果你的父母酒量不好的话，你就不要在喝酒这件事情上逞强了。

喝酒会让人产生愉悦感，是因为酒精能够刺激大脑内的一种神经

传导物质——多巴胺的分泌。除了多巴胺，酒精还能促进血清素的分泌。血清素能够缓解压力，放松身心，让人沉浸在快乐的氛围中。

但是，长期大量饮酒可能会引发脂肪肝或者肝硬化等肝脏疾病，还会导致酒精依赖，所以饮酒适量是非常重要的。

从一些数据来看，每天适量饮酒的人，患上心肌梗死等循环系统疾病而死亡的比例，要低于那些完全不喝酒或偶尔喝酒的人。我们需要了解喝酒的相关知识，在享受喝酒带来的快乐的同时，保护好我们的身体。

酒量好和酒量差的人有什么不同呢?

酒后人体对有害物质乙醛分解能力的强弱不同。

酒量差的人

喝完酒以后，人体内会产生一种毒性较强的物质即乙醛，乙醛脱氢酶(ALDH)正是用来分解乙醛的。酒量差的人受遗传影响，乙醛脱氢酶的活性比较低。

酒精的分解过程

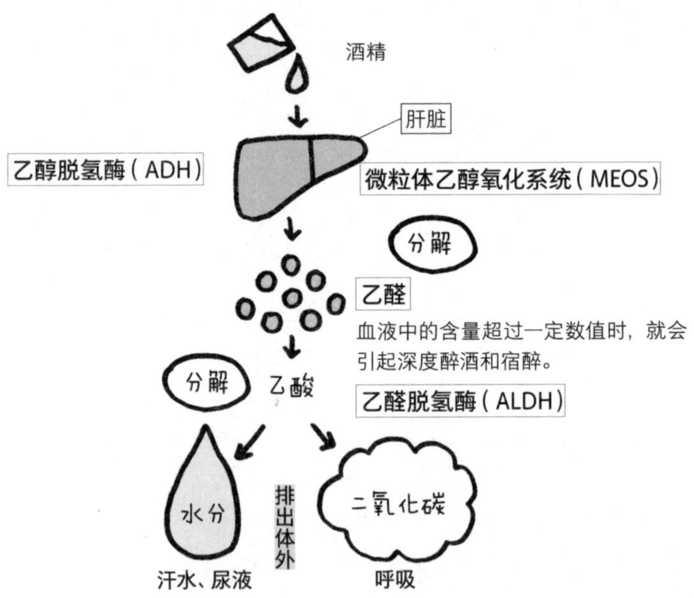

喝日本酒的话，
一天不要超过 100 毫升。

通过适度训练，酒量能够变大吗?

酒量不好是由我们的基因决定的，别说专门训练了，就是在日常生活中，也不应该大量饮酒。有一些酒量稍好的人，会觉得自己越来越能喝了，其实是因为大脑对酒精的感受变得迟钝了。如果喝酒变成了习惯，导致酒精依赖，是有很大的健康风险的，要引起注意。

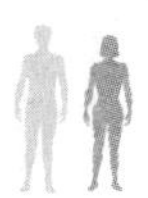

17 饭后或者剧烈运动后肚子疼，是怎么回事呢？

最有说服力的说法是，腹膜受到挤压摩擦导致腹痛。

走得太急，或者饭后马上运动，肚子忽然开始疼了，你有没有遇到过这种情况呢？这种痛感可以用一个英文单词“stitch”表示，它的原意是，像缝衣服时被扎了一针一样疼。

关于肚子疼的原因，目前有很多种解释，**脾脏收缩**是其中的一种说法。脾脏承担着免疫、造血、储存血液的功能。在我们的身体剧烈运动的时候，肌肉需要大量的氧气，身体内的血液供应不充足，这时就需要脾脏将储存着的血液输送至全身，**当脾脏急剧收缩将血液输出时，我们的左腹肋骨下部就会感觉到疼痛**。

除了脾脏收缩以外，还有很多种理论也解释了腹部疼痛可能的原因，**比如“肠胃痉挛理论”，即饭后剧烈运动时，肠、胃由于供血不足出现了痉挛，由痉挛产生的痛感传达至大脑时，大脑却将这种痛感误判为肋腹部的疼痛了**。

还有“膈肌痉挛理论”，认为这种腹痛是由运动导致膈肌以及周围的肌肉、内脏的血液供应和氧供应不足引起的。

另外还有“气体理论”，具体指的是，食物在消化的过程中与消

化液发生化学反应，产生了气体，在运动时身体的摇摆使这些气体聚集在大肠里，并且不断地膨胀，从而导致了疼痛的产生。

不过，最近出现的“腹膜理论”被公认为最有说服力的说法。运动时，腹部内侧的腹腔上下左右摇摆，腹腔里的脏器也随之摆动，对腹膜造成了挤压、刺激，就导致了腹膜疼痛。

总之，无论是哪种原因引起的疼痛，作为预防措施，我们在饭后都不要马上运动，而要给身体留下足够的时间消化食物。而且，在运动的时候一定要先热身，先从轻度运动做起。特别是跑步、游泳、跳舞等上半身摆动幅度比较大的运动，一定要先活动活动躯干，做好热身以后再开始运动。

突然肚子痛，可能有以下几个原因。

疼痛部位不同，原因也有所不同。

疼痛的产生

右腹肋部疼痛

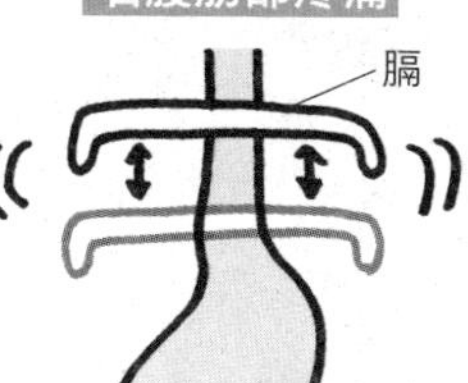

横膈膜痉挛导致疼痛。

左腹肋部疼痛

体内血液供应不足，脾脏输出血液时收缩，导致疼痛。

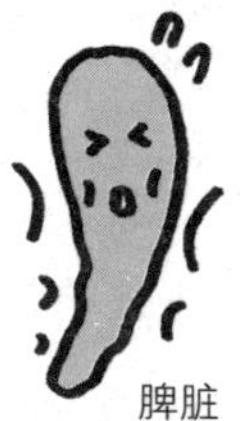

腹部中央（膈至骨盆）疼痛

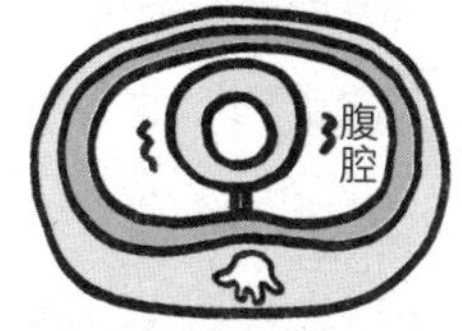

运动时腹腔摇摆，腹腔里的脏器随之摆动时挤压、刺激腹膜，导致疼痛。

下腹部疼痛

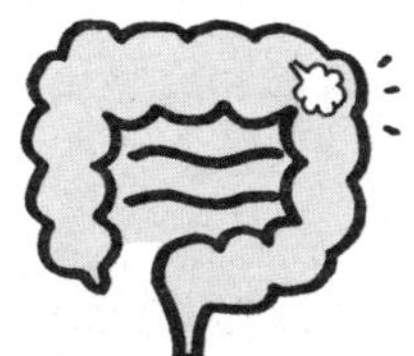

气体积聚在大肠里导致疼痛。

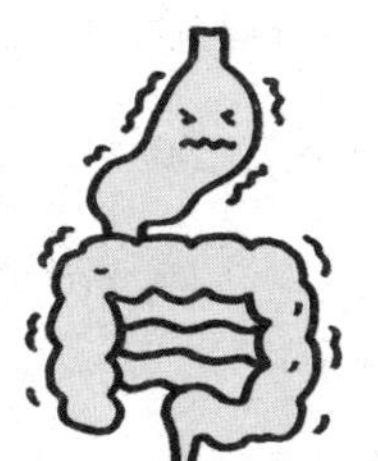

上腹部中央（胃、肠）疼痛

肠胃痉挛，大脑误判为疼痛。

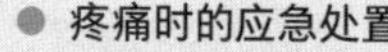

核心躯干锻炼30秒，坚持住哟

肚子疼的时候，要这样做哟！

● **疼痛时的应急处置**

- 深呼吸，由正常呼吸改为腹式呼吸
- 伸展、按摩腹部

● **预防肚子疼的方法**

- 平时多做核心躯干锻炼，增强腹肌的力量

18 大便，是了解肠道状况的一个重要渠道！

大便，就是肠内细菌的集合体！

观察排便次数、排便量以及大便的形状，是判断一个人身体状态最简便的方法。

在大便的成分中，大约 80% 是水分，剩下的 20% 由食物残渣、脱落的肠黏膜、肠内细菌构成，三者各占 1/3。据说，1 克大便中，就含有大约 1 兆个肠内细菌。因此，通过观察大便，我们就能知道肠道菌群是否平衡。

通常来说，健康人的排便次数是 1 日 1 次。不过，多至 1 日 3 次，少至 1 周 3 次，都在正常范围内。排便量与食量以及食物的种类有关，正常情况下，每天平均排便 100~200 克。如果吃下的食物中植物性食物比如蔬菜比较多的话，大便量就比较多，也比较柔软；而吃的肉类食物比较多的话，大便量就比较少，也比较干燥。

如果有益菌在肠道菌群中占优势的话，大便应该是黄褐色、香蕉状（水分约占 7 成），毫不费力就能排出，轻轻地浮在水面上。如果排出的大便味道刺鼻，那么可以推测，有害菌占了优势，肠内环境有恶化的迹象。

食物残渣从消化道通过的时间不同，会使大便的硬度与形状也不同。医院以及养老院在记录大便状态的时候，常常使用**布里斯托大便分类法**（见下页），按照形状和硬度将大便分为七个等级。

那么大便颜色中的茶褐色是从哪里来的呢？它是在胆汁分解脂肪的过程中产生的。**胆汁中含有一种黄色的色素名为胆红素，分解脂肪后进入大便，就使大便带有了茶色**。另外，通过大便的颜色，我们还能判断消化道的出血部位。如果胃等上消化道出血，大便会呈现出像煤焦油一样的黑色；如果肛门附近的部位出血，那么大便会呈现出鲜艳的红色。

最近出现了一种令人称奇的大便疗法，名为"**粪便移植**"，就是将健康人肠道中菌群平衡且有益菌占优势的大便，注入病人的肠道用来治疗相关疾病。大便俨然已经成为新兴生物科技的一环。

大便是人体健康的晴雨表！

1 克大便中大约含有 1 兆个肠内细菌。

- **便量：**每日 100~200 克
- **次数：**1 日 3 次~1 周 3 次

※便量及次数是因人而异的。

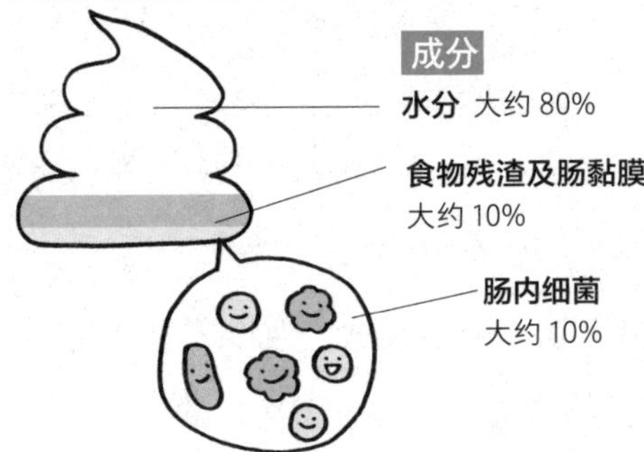

便意的产生

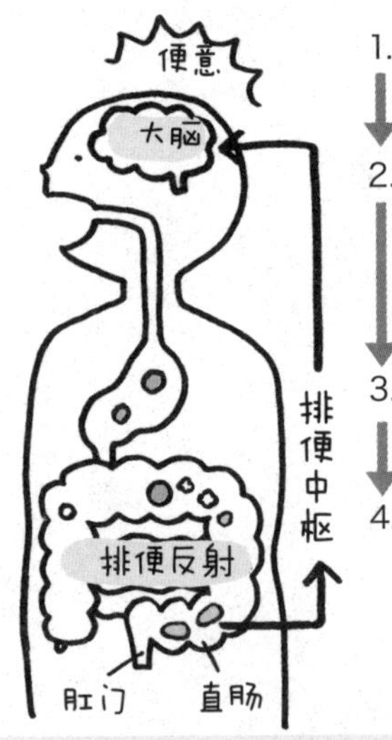

1. 食物通过大肠的蠕动到达直肠。
2. 排便反射：排便中枢接收到信号——“直肠中有大便啦”，肠蠕动加快，便意增强。
3. 大脑接收到信号。
4. 在适合的环境下，大脑发出“去”的指令，肛门括约肌松弛，排便。

布里斯托大便分类法

便秘倾向

1. 粒状大便
2. 硬便
3. 稍稍发硬的大便
4. 正常大便
5. 稍稍发软的大便
6. 泥状便
7. 水样便

腹泻倾向

移植他人粪便治病，即“粪便移植”，到底是怎么回事？

健康人的大便每 1 克中含有差不多 1 兆个肠内细菌。将健康人的大便加工后移植到身体状况不好的人的大肠里，这种治疗方法就是粪便移植法。目前，粪便移植法仅仅应用在难辨梭状芽孢杆菌小肠结肠炎的治疗当中，至于粪便移植法对神经类疾病和冠状动脉疾病的疗效，目前还在研究当中。

19 为什么一紧张就想上厕所呢？

原因在于交感神经和副交感神经的拮抗！

一个人的膀胱容量与性别及体格有关，平均约为470毫升，250~600毫升都属于正常范围。成年人平均每天产生1200~1500毫升尿液，当膀胱中的尿量达到200~300毫升时，我们就会感受到尿意。

尿意是由调节体内环境的自律神经控制的。自律神经是无法由人的主观意识控制的神经，分为交感神经与副交感神经，它们相互制约，共同维持身体状态的平衡。

交感神经发挥作用的时候，膀胱缓慢地膨胀，容量逐渐增加，同时尿道是收紧的。膀胱里的尿液超过一定量之后，尿意产生，副交感神经开始发挥作用，膀胱的逼尿肌强烈收缩，尿道松弛，准备排尿。

当一切准备就绪后，大脑发出排尿的指令，尿道括约肌松弛，就可以开始排尿了。那么我们紧张的时候想上厕所，又是怎么回事呢？**当我们紧张的时候，自律神经就会失调，这时，即使膀胱里只有一点尿液，我们也会感受到尿意。**

并且，膀胱很容易受到情感的影响，当我们精神压力比较大的时候，膀胱就会收缩，只要有一点点的尿液，我们就会感受到尿意。

很多人有憋尿的习惯。憋尿会增加患上膀胱炎、肾盂肾炎的风险，所以我们要尽量避免憋尿。如果我们身处一个不方便去厕所的环境，那么，我们就尽量不喝像咖啡这种含有咖啡因、具有利尿作用的饮料。

另外，正常人的排尿次数一般是从早上到睡前共 5~7 次。如果白天排尿 8 次以上、晚上排尿两次以上的话，就要考虑是不是尿频，应该去医院检查一下。

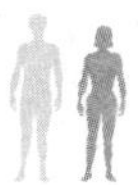

紧张就去厕所的原因是什么?

是交感神经与副交感神经的失调。

当我们紧张的时候，自律神经就会失调，膀胱里的少量尿液就会带来尿意。

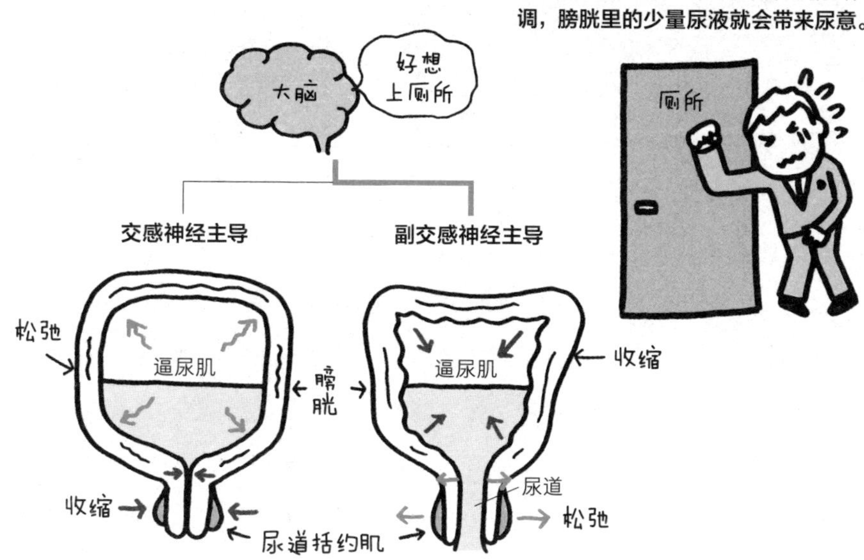

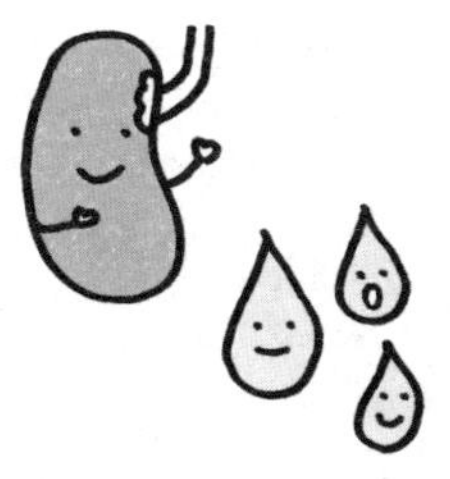

健康的尿液

颜色：淡黄色，尿液的成分 90% 以上是水分，其余是尿氨等的代谢物。

尿量：成年人每天 1.2~1.5 升，5~7 次（因饮水量不同，排尿次数也会有所不同）。

气味：不同的食物、饮料、药物会使尿液的气味发生变化，但大体上尿液是没有气味的，有时还带有少量芳香气味。

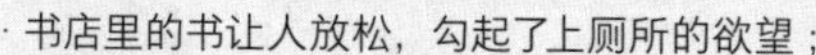

据说，很多人一进书店就想上厕所?

围绕着这个奇妙的现象，人们提出了各种各样的理论，但目前为止还没有一种理论能将这一现象解释清楚。以下是一些比较有说服力的说法：

· 书店里的书让人放松，勾起了上厕所的欲望；

· 纸张及油墨的气味诱发便意；

· 要从大量的印刷字中间寻找自己想要的书，这种压力对肠道产生了影响。

专题

被人们误以为是无用之物的阑尾、脾脏、胸腺等器官，实际上用处很大！

阑尾、脾脏、胸腺等器官，是人类在进化过程中残留下来的，很多人认为它们是退化器官，对人体来说已经没有存在的必要了。但是我们渐渐发现，它们实际上发挥着十分重要的作用。

比如阑尾，除了“阑尾炎”，阑尾这个词很少出现在别的场合。实际上，阑尾的淋巴组织与肠道内的一种免疫球蛋白——IgA 的形成有很大的关系，对于维持肠内细菌的平衡起着很大的作用。在小鼠实验中，缺少阑尾淋巴组织的小鼠，肠道内的 IgA 逐渐减少，肠道菌群发生了明显的变化。此外，有些报告提到阑尾还具有抗癌作用。阑尾作为人体免疫系统的重要组成部分逐步受到了关注，它对于维持体内环境的平衡发挥着不可或缺的作用。

还有脾脏。脾脏里储存着人体内大约 1/3 的血小板，能够破坏、清除血液中老化的红细胞，起到净化血液、延缓衰老的作用。胸腺也是一样，它的功能虽然会随着年龄的增长而退化，但胸腺能够制造 T 细胞，这种细胞是免疫反应的“司令部”，在免疫方面承担着重要的作用。这些发现颠覆了人们一直以来对这些“无用器官”的错误认知，让我们看到了它们的真面目。

第3章

神奇的循环器官与呼吸器官

维持生命，反映身体的异常情况

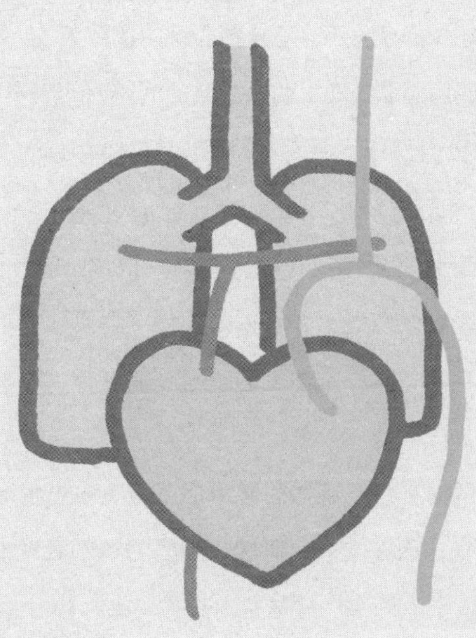

20 心脏要一直工作到肉体死亡的那一刻，它会累吗？

只有在呼气的一瞬间，它可以短暂地休息一下。

从我们出生之日起，直至死亡到来的那一天，我们的心脏每天要跳动大约 10 万次，持续不断地将血液输送至全身。

心脏每跳动一次，可以输送 60 毫升血液，也就是每分钟大约输送 5 升血液。心跳一整天输送的血液，大约相当于 4 万瓶牛奶（7200 升）。

一个成年人在安静状态下，每分钟心跳的次数为 60~70 次。不过，同一个人即使在同一个状态下，两次心跳的间隔时间也不会完全相同。通过严密的监测我们发现，两次心跳间隔的时间为 0.9~1.1 秒，有细微的变化。

这种细微的变化主要体现在吸气时心跳稍快，吐气时心跳稍慢。实际上，心脏就是在吐气时，才可以短暂地“休息”一下。并且，身体越是健康的人，吐气时心脏休息的时间可能越长，心跳间隔时间的变化也就越明显。

人体在吸气的时候，心脏需要尽可能多地将血液输送到肺里，以便吸收更多的氧气，**而在吐气的时候，肺里的氧气量变少，心脏不需**

要输送太多血液，所以，在吐气的时候心率可以短暂地降低，心脏获得了一点点休养喘息的时间。这种现象不是仅仅出现在人类身上，在所有用肺呼吸的动物当中，都是能看到这种现象的。

蝌蚪在发育成为青蛙之前，是用鳃呼吸的，直到长出四肢之后，才改成用肺呼吸。这时大脑已经发育出“疑核”这一部位，它可以配合呼吸，控制心率的变化。

从某种意义上讲，正因为动物具备了这种心率变化的机制，才能在陆地上长久地生存。短短的 0.1~0.2 秒的休息时间，或许正是心脏能够一直跳动到死亡那一刻的秘诀，对心脏来说是不可或缺的。

只有在呼气的一刹那，心脏才可以休息一下！

心跳间隔时间为 0.9~1.1 秒，有细微的变化。

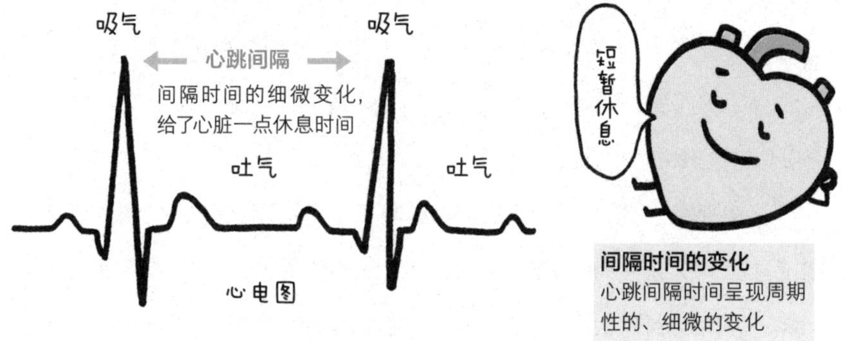

间隔时间的变化
心跳间隔时间呈现周期性的、细微的变化

吐气时，心跳间隔时间发生细微的变化

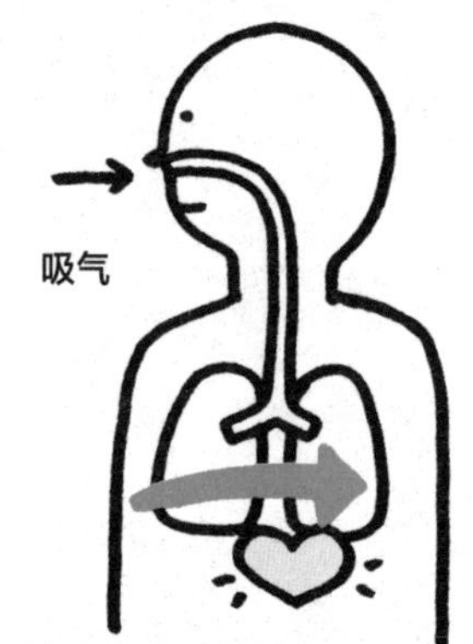

吐气

身体越是健康的人，吐气时心脏休息的时间越长

肺里的氧气含量升高
为了吸收更多的氧气，心跳间隔时间变短，心跳加快，血流量增加。

肺里的氧气含量降低
心跳间隔时间变长，心跳减慢，血流量减少，此时心脏可以短暂地休息一下，缓解疲劳。

心电图就是心脏活动的电信号记录图。

心脏为什么可以不遵从人的意志，自主地活动呢？

心脏细胞中约有 10% 是起搏细胞，它们也被称为心脏的“司令部”。起搏细胞向心肌细胞发出“跳动”的电信号指令，心肌细胞就会重复收缩、松弛的动作。此外心脏还拥有独立的电传导系统。

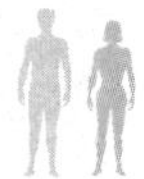

21 心脏是一个不会患癌的器官，这是为什么呢？

从出生开始，心脏细胞就基本不会再分裂了！

大家都知道，癌症（恶性肿瘤）可以发生在人体的各个部位和组织。但人们也常说“心脏是不会得癌症的”。实际上，心脏也会长肿瘤，只是十分少见罢了。心脏原发性肿瘤的发生率大约只有 0.02%，而恶性肿瘤只占其中的 1/4。

另外，**发生在覆盖人体体表的上皮细胞中的恶性肿瘤被称为“癌症”；而发生在其他部位，比如骨骼和肌肉上的恶性肿瘤，则被称为“肉瘤”。所以，严格来讲，发生在心脏（心肌）上的恶性肿瘤并不属于癌症，而是肉瘤。**

心脏上不容易长肿瘤的原因有很多不同的解释。有一种理论认为，原因在于心脏的特异性。心脏是由一种特殊的肌肉横纹肌，也就是心肌构成的，**心肌细胞在人的一生中基本不会进行细胞分裂，这能够避免在细胞分裂时出现变异细胞，也就是癌细胞的增殖。**

还有一种理论认为，心脏是人体温度最高的器官，产生的热量约占人体总热量的 11%。癌细胞喜欢低温环境，在 35℃左右最为活跃，在 39℃的环境下，癌细胞就会停止增殖，一旦超过 42℃，大部分癌细胞就会死去。所以，温度高达 40℃以上的心脏，即便有癌细胞产生，也很难存活。

还有其他各种说法，如心脏反复收缩，让肿瘤细胞没有立足之地等。

近年来的研究又有新的发现。在心脏分泌的荷尔蒙之中，由心房肌分泌的心房钠尿肽（ANP），对于肺癌术后转移是有抑制作用的，由此可以推测，心脏本身就是拥有抑制癌症的能力的。

心脏不容易长肿瘤的原因是什么？

原因众说纷纭，目前还没有定论。

心脏不容易长肿瘤的原因

心肌细胞基本不会发生分裂

心脏温度高达 40℃以上，癌细胞受热死去

心脏反复收缩，肿瘤细胞没有立足之地

心房肌分泌的心房钠尿肽有抑制癌症的作用

心脏肿瘤也分为良性与恶性，不过，恶性肿瘤（肉瘤）发生的概率是很低的。

癌细胞的可怕之处

- **自律性增殖**
  变异细胞持续不停地增殖

- **浸润与转移**
  病变组织向周围扩展、浸润

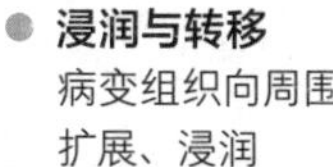

- **恶病质**
  掠夺正常组织的营养，使身体变得衰弱

在英语中，为什么使用“cancer”（螃蟹）这个词来指代癌症呢？

最早用“螃蟹”这个词指代癌症的，是古希腊的一位医生，名叫希波克拉底。在他生活的年代，已经开始通过外科手术的方式治疗乳腺癌，在切除肿瘤组织后，医生会用火烧灼刀口。希波克拉底医生最早在手术记录中写道“手术后的图案就像螃蟹一样”，大概是指术后伤口的疤痕就像螃蟹的蟹爪一样吧。

22 人类的血管当中隐藏着什么秘密呢?

为什么血管看上去是青色的?

我们身体里的血液，承担着将营养物质和氧气输送到体细胞里，同时将二氧化碳和代谢物回收的重任，所以，我们的血管是遍布全身的。**血管大体上可以分为三类，分别是动脉、静脉以及毛细血管，其中，毛细血管占 90% 以上。**

进出心脏的血管是主动脉与主静脉，直径可达 2.5~3 厘米。血管不断地分叉，越靠近身体末端就变得越细，最后变成像一张网一样的毛细血管。最细的毛细血管，直径只有 0.005 毫米。

据说，如果把一个成年人体内的血管全部连成一条线的话，它的长度可以达到 10 万千米，大约可以环绕地球两圈半呢。

还有，血液从心脏出发，最后再回流到心脏，这个过程被称为体循环。体循环一次大约需要 30 秒钟。动脉里的血液流速很快，可以达到每秒 1 米的速度。另外，我们身体里的血液重量大概占体重的 1/13，一个体重为 60 千克的人，体内的血液大约有 4.6 千克（按照 1.055 的血液比重计算），这些血液都在身体里一刻不停地全速奔跑着。

那么，为什么血液是红色的，可是我们看到的手臂、腿脚上的血

管却是青色的呢？

这是因为，**光的波长不同，我们的眼睛看到的颜色也是不同的。光有一个特征，那就是，波长比较长的光，很容易被吸收，而不容易反射；波长比较短的光，容易反射，不容易被吸收。**

红色光波长比较长，青色光波长比较短，所以，当光透过皮肤与血管壁反射时，我们的眼睛看到的是青色。

此外，距离皮肤比较近的血管大部分都是静脉血管，当血液在全身流动，向体细胞输送完氧气之后，静脉里向心脏回流的血液呈现暗红色，这也是血管看上去发青的一个原因。

来看看我们的血管吧！

将所有血管连接起来，可绕地球两圈半。

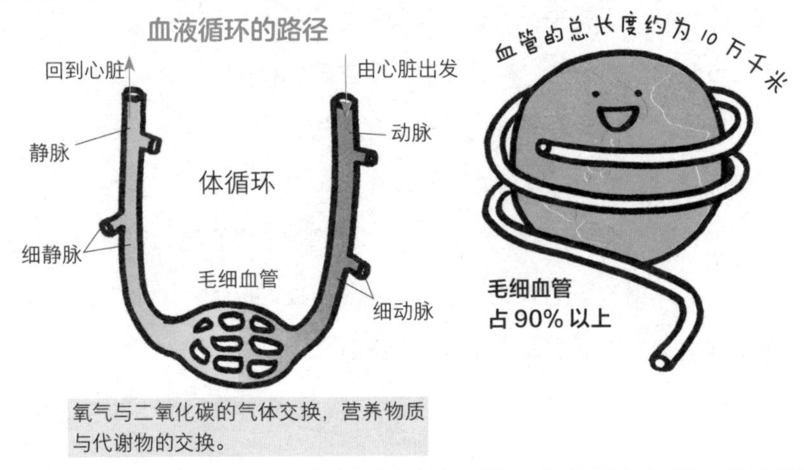

氧气与二氧化碳的气体交换，营养物质与代谢物的交换。

不同血管的特征

血管的直径与结构

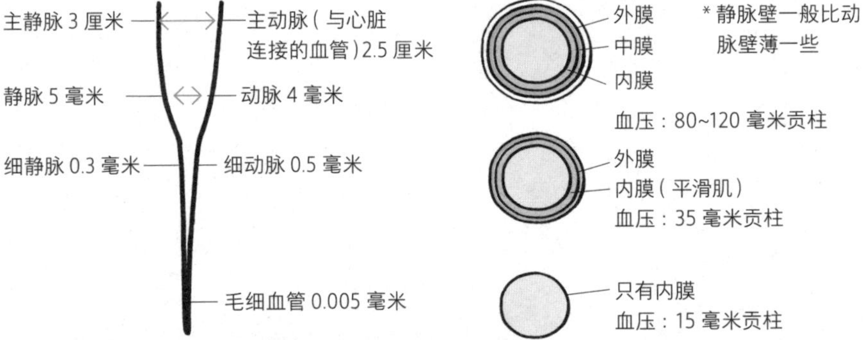

为什么血液是红色的，可是我们看到的身上的血管却是青色的呢？

大概是不同波长的光穿透性不同导致的。青色光波长短，比红色光更不容易穿透皮肤，在靠近体表皮肤处，青色更容易被肉眼捕捉到，同时眼睛的错觉又使青色进一步加重了。

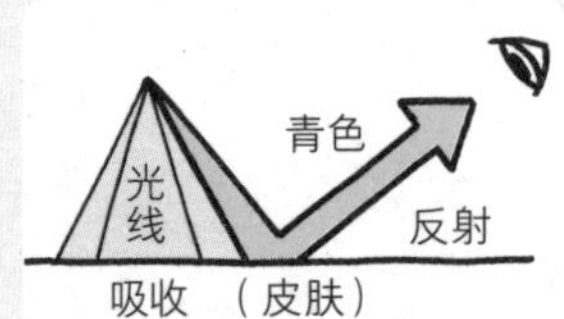

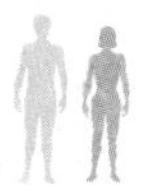

23 在体内循环的淋巴液，与血液有什么不同吗？

淋巴液中的免疫细胞，是人体的“巡逻兵”。

在人体内循环流动着的，不光是血液。**在我们的身体里面，淋巴管就像血管一样遍布全身，在淋巴管里流动着的，就是淋巴液。**

淋巴液是血液中的血浆渗出后形成的。在我们的身体末端，毛细血管里的一部分血液会从血管里渗出，向体细胞输送氧气和营养物质。这一过程结束后，大部分血液会重新回到毛细血管里。不过，有1/10的血液不会回到毛细血管而是进入淋巴管里，经过反复合流后到达比较粗的胸导管，最后汇入锁骨下静脉。**淋巴管汇合的位置会形成一个豆状的结，就是我们平常所说的淋巴结。**

我们全身上下一共有800多个淋巴结，其中大约有300个聚集在头部及周边部位，其余大多位于腹股沟、腋窝等部位。淋巴管里有一个瓣膜，瓣膜可以防止淋巴液逆流。与血液相比，淋巴液的流速是非常缓慢的，因为心脏可以起到血泵的作用，而淋巴液没有泵。以一个小时为单位，淋巴液的流量大约是100毫升。

淋巴液中的细胞被称为免疫细胞，它们的作用包括击退病原体及异物，回收、排出体内的代谢物等。

中性粒细胞及巨噬细胞等吞噬细胞，能够吞噬病原体、防止病原体的扩散，它们都属于免疫细胞。白细胞中的淋巴细胞，也属于免疫细胞。血液中的淋巴细胞分为很多种，其中包括能够攻击细菌及病毒的 NK 细胞，制造抗体的 B 细胞，识别并消灭入侵病原体的辅助性 T 细胞、抑制性 T 细胞、杀伤性 T 细胞等。

那么淋巴结的作用又是什么呢？淋巴结能够过滤并消灭淋巴液中携带的病原体及代谢物，它就像一个城门一样，守护着我们的身体。

在体内循环的淋巴液，是人体的护卫队！

淋巴液、淋巴管、淋巴结，共同构成了淋巴系统。

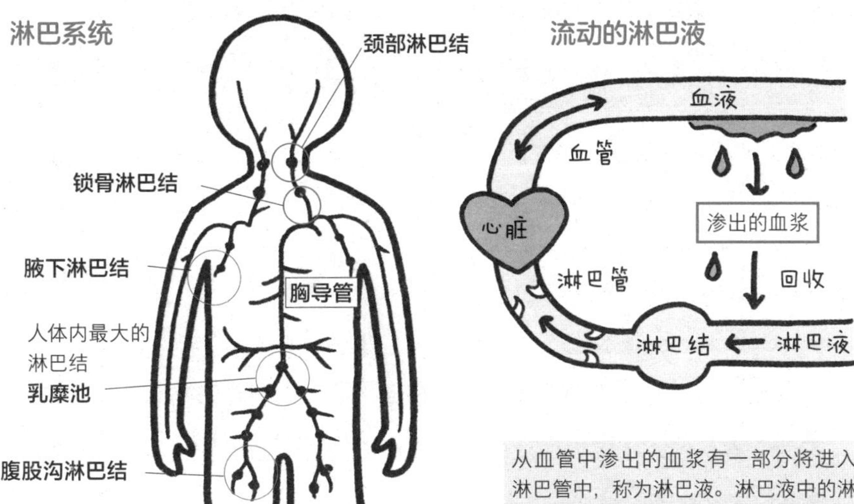

淋巴结是一个像城门一样的免疫器官，负责拦阻细菌、病毒以及代谢物。

从血管中渗出的血浆有一部分将进入淋巴管中，称为淋巴液。淋巴液中的淋巴细胞也是一种白细胞。淋巴液最终会流入锁骨下静脉，汇入血液里。

一种吞噬细胞——巨噬细胞

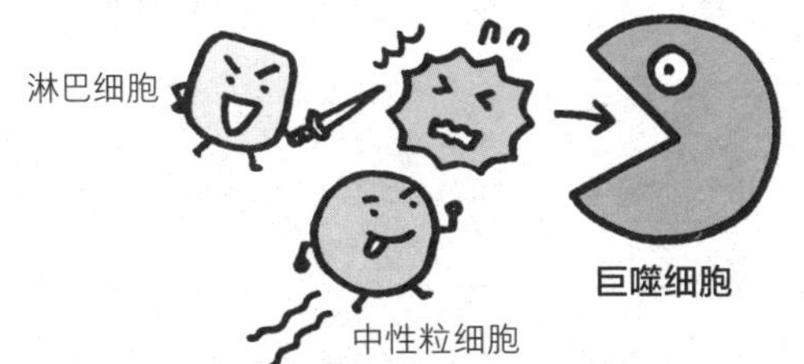

巨噬细胞通常在淋巴结中待命，负责捕食、消化淋巴细胞杀死的细菌的残骸以及侵入人体的细菌等。在人体受到外伤或者体内有炎症时，巨噬细胞就会十分活跃。

这些淋巴细胞都是免疫细胞呢。

NK 细胞

在体内来回巡视，一旦发现癌细胞和病毒等，就马上发起攻击。

T 细胞

识别并消灭入侵病原体，分为辅助性T细胞、抑制性T细胞、杀伤性T细胞。

B 细胞

负责制造抗体的免疫细胞。

24 小宝宝都是假哭的高手吗?

婴儿出生时的啼哭，是自主呼吸的初次尝试。

胎儿在妈妈的肚子里时，是通过子宫内侧的胎盘上连接着的脐带中的脐静脉，获取氧气和营养物质的。在这段时间里，他们的肺部充满羊水，是不需要用肺呼吸的。但在出生后，一离开妈妈的肚子，脐带就会被剪断，小宝宝们获取氧气的通道就被切断了。这时，他们就需要开始尝试用肺来吸入空气了。

不过，要让肺脏一下子膨胀起来，是需要花费很大的力气的。**所以婴儿须鼓足了劲，让肺里充满空气，再吐出来，随即也就产生了他们人生中的第一次啼哭。也就是说，婴儿的初啼，实际上是他们的第一次自主呼吸，是他们唤醒沉睡着的肺脏，开始用肺呼吸的第一步。**

不过，小宝宝们为什么能够在出生的一瞬间就切换成肺呼吸呢?那是因为他们曾经在妈妈的肚子里训练过。从孕 28 周开始，胎儿会反复地将羊水吸入肺里，等肺膨胀起来，再把羊水吐出来，通过这种方式进行呼吸练习（**胎儿呼吸样运动**）。在出生之后，脐带被切断导致婴儿体内供氧不足，血液中二氧化碳的浓度升高，脑干产生呼吸反射，婴儿就会开始用肺呼吸了。

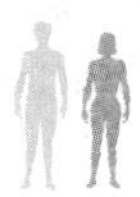

随着肺呼吸的开始，肺里的血液量也逐渐增加，血液里的氧浓度上升，婴儿的皮肤就慢慢地变成了粉色。

有人说，“小宝宝们每天的工作就是哭”。的确，新生儿哭的频率是很高的。不过，通常婴儿在出生后的2~3个月里，哭的时候是没有眼泪的，这是因为他们的泪腺和大脑都还没有发育好。

这时，他们并不是因为感情的变化而哭，比如孤独、伤心等。他们的哭声是他们唯一能够使用的交流手段，他们想用哭声告诉妈妈自己饿了或者困了。

胎儿在妈妈的肚子里是通过脐带获取氧气的。

随着出生时的第一声啼哭，他们开始用肺呼吸了。

胎儿通过呼吸样运动来练习用肺呼吸

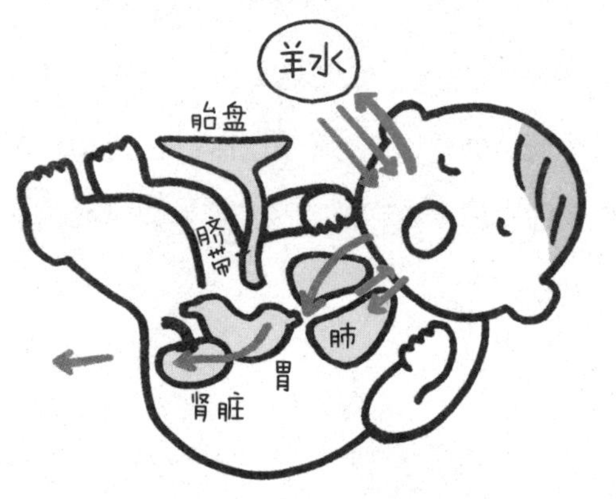

胎儿不用肺呼吸，他们通过胎盘和脐带获取氧气。从孕 28 周开始，胎儿吸入羊水让肺膨胀起来，再把羊水吐出来，这就是“胎儿呼吸样运动”，是胎儿在练习用肺呼吸。

婴儿第一次啼哭的原因

婴儿离开妈妈的身体后，马上用力地将空气吸入肺里再吐出来，这一过程伴随着啼哭声。婴儿的初啼，也是人生的第一次呼吸。

小宝宝们的啼哭是他们的表达方式哟

哭的时候没有眼泪，是因为他们的身体机能还没有发育成熟。

有些刚出生的小宝宝眼睛里有泪水，那是用来保护眼睛的，实际上他们的泪腺和大脑都还没有发育成熟，所以哭的时候眼睛里是没有眼泪的。除去个体差异，一般来说，婴儿在出生 3~4 个月以后，才会慢慢地产生情绪，比如难过或者开心等。不过，他们在出生 6 个月之后智力水平快速地发展，开始学会了假哭。大多数情况下，假哭是为了引起爸爸妈妈的关注，所以爸爸或妈妈一抱起他们，他们的哭声马上就止住了。小宝宝们一边哭一边用眼睛瞟着爸爸妈妈，所以假哭也被看作是一种撒娇。

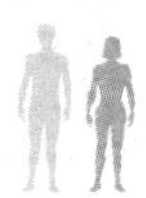

25 为什么有的人会得花粉症，而有的人不会呢？

这是由花粉量、体质、免疫功能的平衡决定的。

杉树和柏树在春天开花，豚草在秋天开花。一到花儿盛开的季节，有些人就会因为**花粉症**而苦恼不已。正如它的名字，**花粉症是身体在排出进入眼睛和鼻子的花粉时产生的一种过度的免疫反应**，也就是季节性的**过敏性鼻炎**。

当杉树花粉等过敏原（引起过敏的物质）附着在鼻黏膜上时，淋巴细胞会制造免疫球蛋白 E（IgE）抗体，附着在肥大细胞上。之后，**当花粉再次进入体内时，肥大细胞就会释放出组胺等神经递质，引起流鼻涕、鼻塞、打喷嚏、眼睛发痒等症状，也就是过敏性鼻炎**。

这些症状与感冒的症状很相似，但不同的是，感冒一般一周后就会痊愈，症状就会消失，而花粉症的症状却会一直持续到花粉季节结束。另外，由于自律神经失调，打喷嚏和鼻塞的症状一般在早上刚醒来时比较严重，这也是过敏性鼻炎的一个特点。

另外我们还见过这样的情况，有些人原本没有得过花粉症，却在某一年忽然就得上了。对于这一现象，最为著名的解释是“**水桶理论**”，指的是花粉一点一点地积聚在水桶（身体）里，一旦花粉超过水桶（身体）的容量，就会引起花粉症。不过，最近“天秤理论”也得到了越来越多的认可。**天秤理论认为，花粉症是否会发病与花粉量、遗传体质、饮食、精神压力、抵抗力（免疫力）等是否平衡有关。**

也就是说，在某些特殊的年份或某些特定的地区花粉量较多，或精神压力过大导致健康状况不佳时，就容易出现花粉症的症状。相反，花粉量低于身体抵抗力的承受力时，症状就不容易出现。所以，花粉症是否发病，是由花粉量与免疫力是否平衡决定的。特别是过敏体质的人，更要重视健康管理。

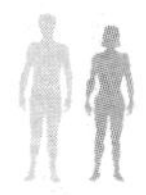

得不得花粉症的决定性因素是什么呢？

是花粉量、体质、饮食、精神压力与免疫力之间是否平衡。

花粉症的产生

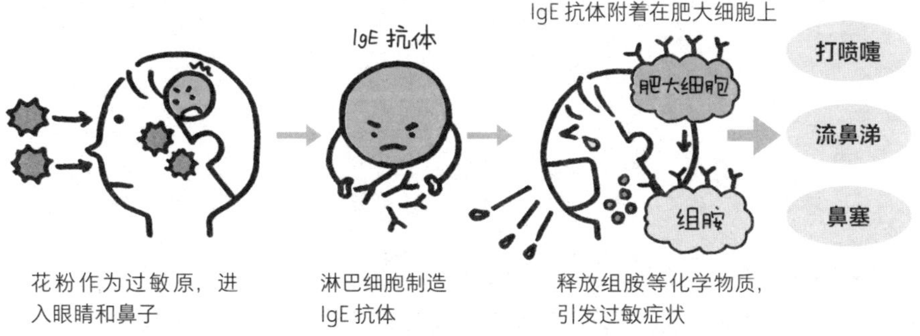

花粉作为过敏原，进入眼睛和鼻子

淋巴细胞制造IgE 抗体

释放组胺等化学物质，引发过敏症状

由“水桶理论”向“天秤理论”转变

水桶理论

过敏原一点一点地积聚在水桶中，一旦超过水桶的容量，就会引发花粉症。

水桶理论的矛盾点

- 按照水桶理论，花粉症是一生都无法治愈的。但是目前，通过舌下免疫疗法治疗花粉症，治愈率已经很高了。
- 花粉症的症状一年重一年轻，单纯归因为花粉量的不同，缺乏说服力。

天秤理论

当花粉量、体质、饮食、精神压力等与免疫力之间失去平衡时，就容易引发花粉症。

让人闻之色变的“严重过敏反应”，是怎么回事？

严重过敏反应，指的是过敏反应中最为严重的症状，发病时通常伴随全身性荨麻疹或哮喘等两个以上的严重过敏症状，有时甚至会导致过敏性休克，出现血压下降、意识模糊等症状，危及生命。

26 南极那么冷，人们却很少感冒，这太奇怪了！

这是因为感冒病毒抵挡不住南极的寒冷。

感冒的正式名称是“感冒综合征”，是包括喉咙疼痛、流鼻涕、咳嗽，有时还伴有发热等症状在内的急性上呼吸道感染以及伤风等一系列急性呼吸系统炎症的总称。**在感冒的发病原因中，病毒占 90% 以上，其余为细菌感染。能够引起感冒的病毒，据说多达几百种以上。**

我们都知道，当天气变冷的时候，感冒病毒就会变得活跃起来，这时，人们就更容易得感冒。但在极寒之地——南极，感冒却是很少见的。这是为什么呢？根据记载，**南极曾经出现过低于零下 97℃的最低气温，病毒、细菌在南极的低温环境中难以存活，这就是在南极很少感冒的原因。**

感冒的致病原因并不是寒冷。在南极长期停留过的人，回国后抵抗病毒的能力会降低，一旦感染病毒，反而马上就会出现感冒的症状。

有时，**感冒还伴有发热的症状。这是因为，病毒在低体温环境下容易繁殖，发热可以抑制病毒的活动。**我们的体温一般保持在 37℃左右，当我们感染病毒时，大脑视丘下部的体温调节中枢会发出升高体温的指令，之后皮肤表面的汗腺就会关闭，同时血管也会收缩，身体

不再释放热量，体温就上升了。发热能够促进白细胞的活动，激发身体的免疫力。

另外，**发热时我们还可能出现身体发冷、颤抖的情况，这是因为我们的身体正在通过肌肉抖动来制造热量。病毒越强就越需要升高体温，以激发更强的免疫力，所以，与普通感冒相比，流感伴随高热的情况更为常见。**当病毒被击败以后，体温调节中枢发出降低体温的指令，我们的身体大量出汗，体温就会降下来并回归正常了。

南极那么冷，感冒却很少见，是为什么呢？

因为感冒病毒在极寒环境中难以存活。

发热说明我们的身体正在与病毒激战

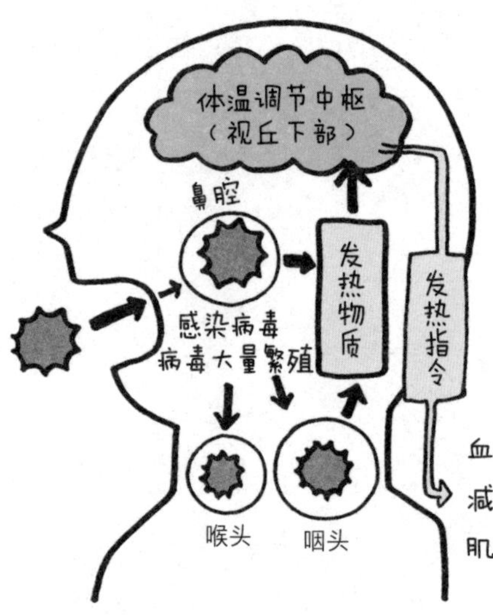

虽然感冒病毒喜欢低温、低湿的环境，但南极也太冷了！

南极有多冷

- 内陆地区的年平均气温为零下 57℃
- 靠近海岸的昭和基地的气温为零下 10.5℃

* 有历史记录以来的最低气温是零下 97.8℃

发热的作用

身体感染病毒后，体温调节中枢会发出升高体温的指令。之后皮肤表面的汗腺就会关闭，同时血管也会收缩，身体不再释放热量，体温就上升了。发热能够促进白细胞的活动，激发身体的免疫力。

儿童与老年人要注意防范流感！

流感的致病原因是流感病毒。

	感冒	流感
症状	打喷嚏、流鼻涕、喉咙痛	除感冒症状以外还伴有关节疼痛、肌肉疼痛、寒战
病程	缓慢	急剧
发热	低热较为常见	高热（体温 38℃以上）

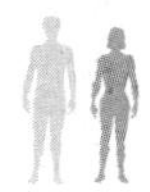

27 人为什么会打喷嚏呢?

是为了防止空气中的异物进入我们的身体里啊。

打喷嚏，是我们的身体为了防止空气中的异物进入体内而产生的一种防御式反射动作。

当灰尘或病毒附着在我们的鼻黏膜上时，神经向肌肉发出指令，位于人体的肺与腹部之间的膈急剧收缩，吸入空气，接着再迅速地将空气排出体外，鼻腔中的异物随着这股空气被一起排出体外，这就是打喷嚏的过程。

除了灰尘和病毒，过敏原引起的过敏性鼻炎，也是打喷嚏的一个原因。还有，很多人从昏暗的室内走到户外有阳光的地方时，在明亮的光线的刺激下，也会打喷嚏（光喷嚏反射）。

最近的研究表明，打喷嚏还有清洁鼻腔、重整鼻腔环境的作用。

另外，打喷嚏时呼出空气的初速度能达到 320 千米 / 小时（这一数据是根据各项实验结果得出的）。这一速度与日本速度最快的新干线（宇都宫至青森的快车）不相上下。**甚至连随着喷嚏一起飞出来的唾沫，时速也能达到 30 千米，最远能飞到 4 米外的地方。**

据说，得了感冒或流感的病人，咳嗽一次可以喷出 10 万个病毒，而打一个喷嚏，能喷出大约 200 万个病毒。飞散在空中的唾沫（飞沫）是有传染性的，所以我们应当戴好口罩，警惕飞沫扩散和传染。

还有一些人，他们没有感冒，也没有得花粉症，在初春或者入秋时节也会打喷嚏、流鼻涕、鼻塞等，这有可能是**冷热温差**引起的过敏症状。

当冷热温差比较大时（达到 7℃以上），低温时血管的收缩与高温时血管的舒张引起自律神经的误操作，就会引起鼻炎的症状（血管运动性鼻炎）。

打喷嚏是为了防止异物进入体内而产生的防御式反射动作！

原因包括过敏、强光的刺激、冷热温差等。

打喷嚏的过程

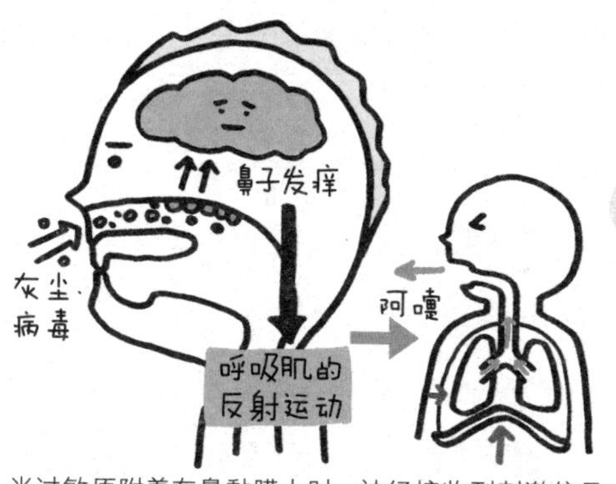

当过敏原附着在鼻黏膜上时，神经接收到刺激信号后，要将过敏原排出体外，便向呼吸肌发出反射运动的指令，横膈膜随即收缩，挤压肺里的空气，使空气快速地排出体外，这就是打喷嚏的过程。

打喷嚏的原因

一个喷嚏的巨大威力

- **初速度可达 320 千米 / 小时，与东北新干线的速度相同**

时速 320 千米

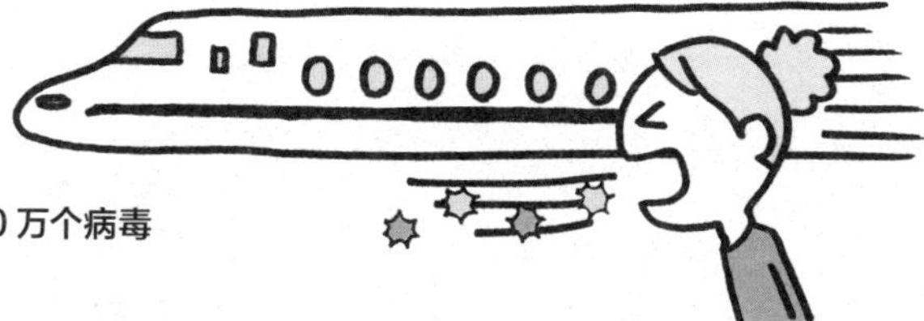

- **一次性释放出大约 200 万个病毒**

最远可以飞到 4 米外的地方

对于打喷嚏形成的飞沫，要多加留意哟！

打喷嚏时喷出的飞沫中含有灰尘和病毒，最远可以飞到 4 米外的地方。飞沫能在空气中飘浮 45 分钟左右。飞沫中的病毒的传染能力，根据它们产生的部位、种类、数量的不同而有所差别，有的病毒在体外 10 秒钟后传染能力就会下降一半，而有的病毒在体外 10 分钟之后仍然具有很强的传染性。

专题

听诊器到底是用来听什么的?

听诊器是一个很常见的工具，医生和护士在检查病人的身体时，常常用它来听心音、呼吸音、动脉音、肠鸣音和胎心音等。听心音可以辅助判断是否患有瓣膜病、心力衰竭、先天性心脏畸形等心脏疾病。听呼吸音可以辅助判断是否患有肺炎、胸腔积液、气胸等疾病。不过，呼吸音有时与症状并不相符，比如，病人呼吸困难，呼吸音却是正常的，或者肺部有呼噜呼噜的呼吸音，但病人的呼吸却一切正常。所以，听诊是需要十分高超的技术的。近年来，听诊器也逐渐实现了智能化，听诊器听到的声音已经可以录音、保存、分享了。

听诊器是一个非常重要的工具，它能够在机器检查之前帮助医护人员初步掌握病人的身体状态，同时也能提高病人对诊疗过程的信赖感和满足感。

另外，一般来说医生使用听诊器的时候，听诊头通常会放在病人的胸口周围，而护士使用听诊器时常常需要量血压，为了便于与患者之间保持适当的距离，护士使用的听诊器通常比医生使用的听诊器更长一点。

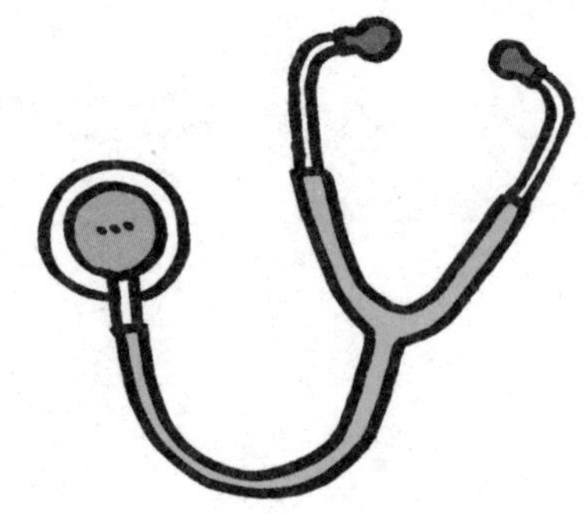

第4章

神奇的感觉器官

捕捉各种信号的小能手

28 眼泪和鼻涕的真身，其实是“不红的血液”！

欢喜的眼泪与气愤的眼泪，为何味道不一样呢？

我们的眼泪，是由上眼皮外侧的泪腺分泌的。

泪腺的周围布满毛细血管，毛细血管中血液里的血细胞（红细胞、白细胞、血小板）是无法渗出血管的，**能够渗出血管的只有由液体成分构成的血浆**。

实际上，除了眼泪以外，鼻黏膜分泌出的鼻涕也有同样的血浆成分。

但是眼泪和鼻涕都是无色、透明的，这是因为渗出的液体中没有红细胞，而血液呈现红色正是因为有红细胞。眼泪和鼻涕又被称为“**不红的血液**”，就是因为，除了红细胞以外，眼泪和鼻涕的其他成分基本上和血液是相同的。

那么鼻涕是怎么来的呢？鼻涕是由鼻黏膜上的鼻腺渗出的黏液以及血管渗出的液体（血浆）构成的，当感冒病毒或过敏原等异物附在我们的鼻黏膜上时，大脑发出“排除异物”的指令，鼻腔里就会大量分泌鼻涕。

我们的眼睛和鼻子之间是有一个连接通道的，叫作“鼻泪管”。

流眼泪的时候，大部分泪液进入泪点流走，多余的泪液会进入鼻泪管，成为鼻涕从鼻子里流出来。

眼泪大概可以分为三种。第一种是**基础眼泪**，在日常生活中可以防止眼球干燥、保护眼睛不受异物伤害，眨眼时向眼球输送氧气和营养物质。第二种是**反射性眼泪**，在灰尘进入眼睛或者切洋葱的时候，眼睛里会反射性地流出眼泪。第三种是**情绪性眼泪**，难过或者开心的时候，都会流眼泪。可能很多人都不知道，一个人的心情不同，他流出的眼泪的味道也不一样呢。

比如，发怒、气愤的时候，情绪比较兴奋，这时交感神经占主导地位，泪液中的钠含量比较高，这时流出的眼泪带着更明显的咸味。开心、难过的时候，副交感神经占主导地位，这时流出的眼泪水分含量高,还带着淡淡的甜味。另外,**一个人在难过或者感动时,被称为“压力荷尔蒙”的皮质醇也会随着眼泪一起排出体外**，这就是为什么有时我们会感觉哭完了神清气爽，因为流眼泪是可以解压的。

眼泪和鼻涕，都含有血液中的血浆成分。

眼睛和鼻子有一个连接通道——鼻泪管

- **眼泪，**是泪腺毛细血管渗出的、除血细胞以外的血浆。
- **鼻涕，**是鼻腔分泌的黏液与血管渗出的血浆的混合物。

眼泪与鼻涕的形成

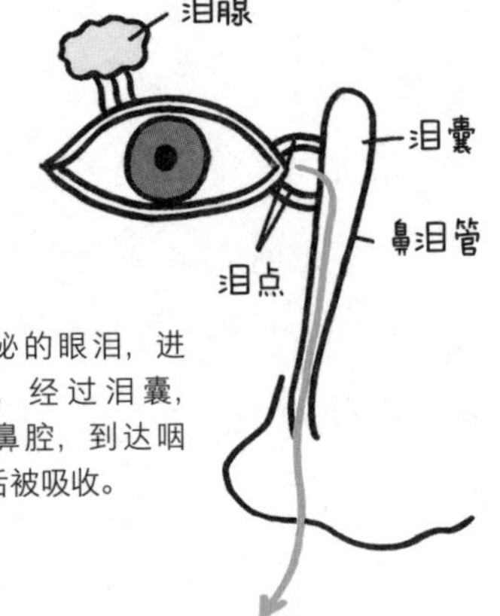

哭的时候会流鼻涕，是因为眼泪进入了鼻泪管，而鼻泪管连通了眼睛与鼻腔。

眼泪

泪腺分泌的眼泪，进入泪点，经过泪囊，再经过鼻腔，到达咽喉部位后被吸收。

鼻涕

鼻涕，是鼻子里有异物进入时，鼻腺接收到排除异物的指令后分泌出的分泌物。

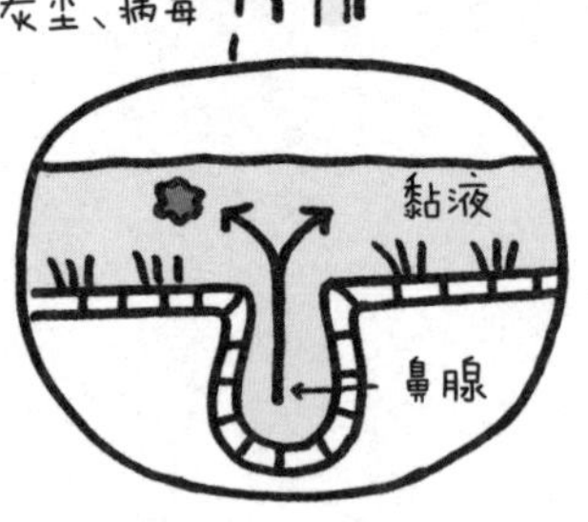

开心地哭、气愤地哭，眼泪的味道是不一样的。

- 开心或难过的时候
  → **水分含量高，带着淡淡的甜味。**
- 生气、气愤的时候
  → **钠含量高，咸味比较重。**

鼻涕是优质细菌的宝库？

我们都知道，鼻涕是鼻毛和黏膜在抓捕灰尘和病毒的过程中形成的。哈佛大学的研究人员最近公布了一项令人惊诧的研究成果，他们发现，鼻涕也是一个优质细菌的宝库，对人体健康是有益处的。但是，吃掉鼻涕是否能直接为我们的身体带来有益的影响，目前还没有得到科学验证。不过目前能确定的是，挖鼻孔的行为有可能会造成一些疾病的接触感染，还是尽量少挖为好。

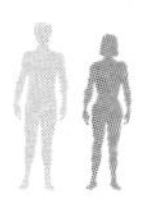

29 寒冷、恐惧、感动时都会起鸡皮疙瘩，是为什么呢？

人类体表曾经覆盖着厚厚的体毛，鸡皮疙瘩是进化后残留的痕迹。

寒冷或者恐惧的时候，很多人都会起鸡皮疙瘩，这是因为立毛肌在起作用。

当大脑接收到寒冷或者恐惧的信号时，交感神经发挥作用，位于毛根附近的立毛肌立即收缩，体表的汗毛受到牵引竖立起来，同时汗毛根部的皮肤也轻微地凸起，这就是鸡皮疙瘩，也被叫作“寒粟子”。

鸡皮疙瘩原本是恒温动物为了维持稳定的体温而产生的一种生理现象。人类体表曾经覆盖着体毛，像鸟类一样，冬天会竖起来，体毛之间充满空气，就能够保护身体不受冷空气的侵袭。但是，人类在进化的过程中体毛逐渐退化了，不再像动物一样全身覆盖着长长的体毛。鸡皮疙瘩就像留给人类的安慰剂一样，功能十分有限。

还有，立毛肌属于不随意肌，受交感神经支配，是不受人体意识控制的。所以，除了寒冷，一个人在感到恐惧、感动的时候也会起鸡皮疙瘩，**就是因为情绪的变化对交感神经形成刺激，肾上腺素大量分泌，引起立毛肌收缩。**

猫在遇到危险的时候会将体毛竖起来，也是同样的原因。无论是

动物还是人类，立毛肌都是在肾上腺素分泌比较活跃的时候出现反应，而在放松的状态下少有反应，这是因为立毛肌没有副交感神经。

有人说，不管天气多么冷，脸上都不会起鸡皮疙瘩。其实这种说法是不确切的。人类的脸上也有立毛肌，也会起鸡皮疙瘩，只不过脸部血液循环比较快，所以抗寒能力比较强，不容易感到冷，另外脸部的体毛和立毛肌也大都退化了，起鸡皮疙瘩时不会那么显眼罢了。

起鸡皮疙瘩是立毛肌的收缩引起的。

这是身体闭合毛孔、躲避外界刺激、保护身体的防御本能。

毛孔周围有一点一点颗粒状的凸起，看上去像鸡的皮肤一样，所以被叫作“鸡皮疙瘩”。

鸡皮疙瘩的形成

日常状态下的立毛肌

起鸡皮疙瘩时的立毛肌

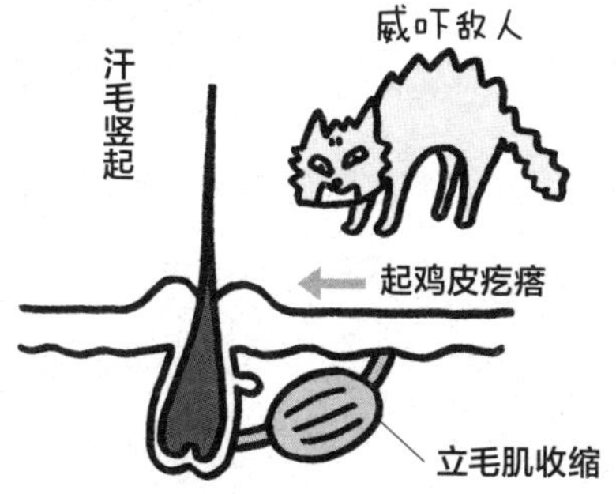

当大脑接收到寒冷、恐惧或者感动的信号时，交感神经发挥作用，位于毛根附近的立毛肌立即收缩，体表的汗毛受到牵引竖立起来，同时汗毛根部的皮肤也轻微地凸起，这就是鸡皮疙瘩。

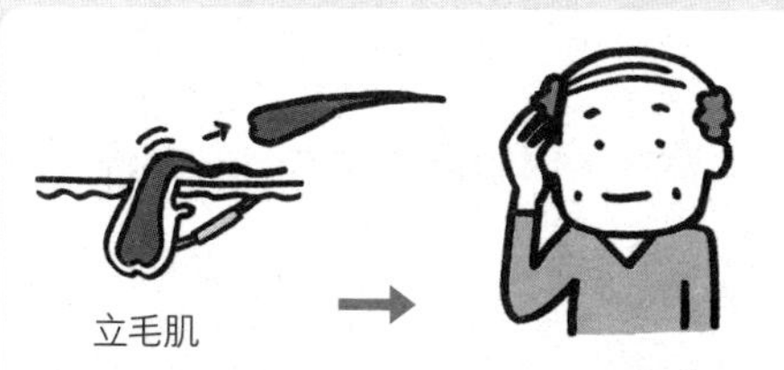

立毛肌的衰退可能会引起脱发、秃顶哟！

随着年龄的增长，立毛肌渐渐衰退，头发开始进入休眠状态。一段时间后，毛孔就会慢慢地变形，出现脱发、头发变细、秃顶等衰老的迹象。

30 人的眼睛是怎么看到东西的呢？

人眼的功能比顶级相机还要厉害呢。

我们的眼睛，结构与相机非常相似。**眼皮相当于镜头盖或快门，角膜与晶状体相当于镜头，虹膜瞳孔相当于光圈，视网膜相当于胶卷。**当前方的角膜与晶状体中的图像与后方的视网膜对焦后，人的眼睛就能看到东西了。这个过程与摄像的原理是相同的。

人眼可以通过调节晶状体的厚薄，来自动地调节焦距，就像相机可以通过平行地移动镜头的前后位置调整焦距一样。那么，如果将人类的眼睛比作相机的话，人眼相当于什么规格的相机呢？有一种说法是，画幅 50 毫米的标准镜头，与人眼的视野是最接近的。

如果用衡量画面质量的像素来对照人眼的话，人眼的像素值高达 5.76 亿。只不过，人眼中视力最强的是中心凹，是视野中央两度左右的范围，而周边的视野是靠感觉的，所以周边视野的像素值只相当于 700 万左右。照相机工艺的发展十分迅速，目前，大部分照相机的像素都已经突破了 2000 万。

另外，用感光度，也就是 ISO 值对照人眼的话，我们会发现，人眼在晚上的感光度比白天要高出 600 多倍。

假设在明亮的太阳光下人眼的ISO值等于25，那么在光线昏暗的地方，人眼的ISO值约等于15000。

一般来说，相机的ISO值越高，拍出的图像越容易有噪点（颗粒感），所以相机的ISO值是有上限的，最高大约12800。但是人眼不存在这种情况，因为大脑可以弥补人眼的不足，噪点的存在与否没有什么影响，大脑还可以随时调整白平衡（对白色的平衡调校）来还原色彩。另外，人眼在看东西的时候，是把左右眼看到的图像合成为一个图像的，因此看到的事物是立体的。总而言之，人眼的功能比一台顶级照相机还要强大得多。

眼睛的结构与相机非常相似！

相机的镜头就是晶状体，胶卷就是视网膜。

眼睛与相机的结构对比

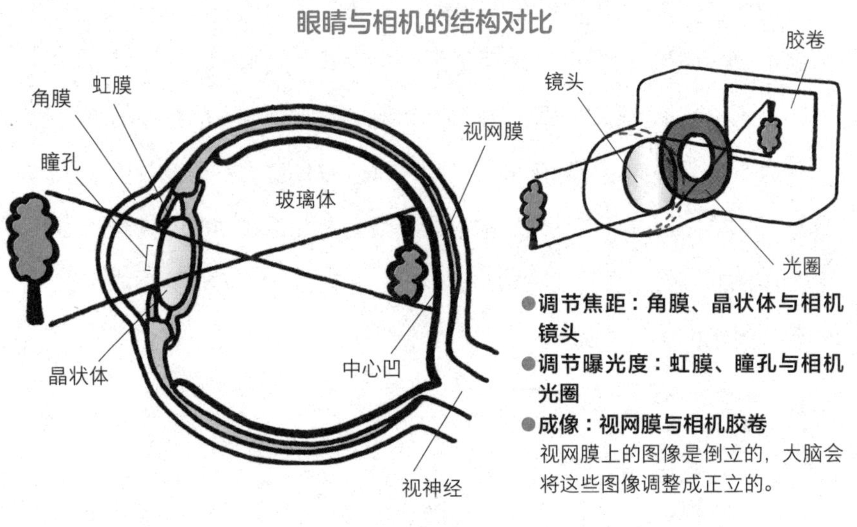

- **调节焦距：角膜、晶状体与相机镜头**
- **调节曝光度：虹膜、瞳孔与相机光圈**
- **成像：视网膜与相机胶卷**
  视网膜上的图像是倒立的，大脑会将这些图像调整成正立的。

为什么人眼看到的物体是立体（3D）的呢

人类的双眼相距 5~6 厘米。左眼和右眼在看东西的时候，是由左眼的角度和右眼的角度分别看到图像之后，输送给大脑，大脑再将两幅图像合成为一幅立体的图像。现在流行的 3D 影像，就是利用了人眼的成像原理，使用两台摄像机拍摄并合成的。

警惕智能手机老花眼！

最近，很多年轻人身上出现了和老花眼相同的症状，他们发现自己看不清楚近处的字。老花眼的症状，一般出现在 40 岁以上、晶状体弹性降低、焦距调节能力下降的中老年人群中。年轻人有了老花眼症状，大多是因为盯着手机屏幕的时间太长了，这些症状一般来说是暂时性的，但是如果一直持续下去的话，也有恶化的可能。所以一旦发现了相应的症状，应该及时地采取应对措施。

31 为什么不同人种之间，肤色、眼睛、头发、体毛的颜色也不一样呢？

这是由黑色素的多少和人类进化过程中环境的变化决定的。

人类的皮肤、毛发、眼球的颜色是不一样的，这种差异是由黑色素的多少决定的。按照黑色素含量从高到低的顺序，人类毛发的颜色可以分为黑色、金色和白色，皮肤的颜色可以分为黑色、黄色和白色。

不同人种体内的黑色素含量不同，这与他们环境中的紫外线强度有关。在日照充足或者日照时间比较长的地区，人体为了抵御太阳光中危害身体的紫外线，保护皮肤、头发和眼睛，就会在体内制造大量的黑色素。

我们会发现，如果某一天身体被太阳暴晒了，那么接下来的几天里，皮肤就会变黑，这就是黑色素增加的结果，是我们的身体为了对抗紫外线，保护体内细胞而产生的一种暂时性的反应。

另外，我们平时看到的眼珠的颜色，实际上是瞳孔周围的虹膜的颜色。而虹膜的颜色，也是由黑色素的多少决定的。

如果虹膜里的黑色素含量比较高，光线容易被眼球吸收，虹膜的颜色就会比较深，通常看上去是黑色的或茶色的。相反，在日照量比较少的欧洲地区，当地人虹膜里的黑色素含量低，光线传播到眼睛时

不容易被吸收，虹膜的颜色大多数是蓝色或者绿色等明亮的颜色。

如果虹膜里的黑色素含量低、颜色偏浅的话，在受到光线照射时很容易感到眩晕。所以，欧美人喜欢戴墨镜不仅是为了追求时尚，也是因为他们的虹膜中黑色素的含量比较少，对光线比较敏感。

其实，从根本上讲，人类的皮肤、头发、眼睛的颜色差异，是人类进化的结果。

在非洲地区，当地人为了防止强烈的紫外线照射引起皮肤癌，就慢慢地进化出了黑色素含量比较高的黑色皮肤。而在光照量比较少的欧美地区，人们体内的黑色素含量就可以相应地少一些。人类一直在适应自己所处的环境，在经年累月的进化过程中，逐渐诞生了不同的人种。

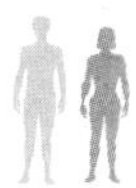

黑色素的多少决定了人类皮肤、眼睛、毛发颜色的不同。

黑色素多就是深色，黑色素少就是浅色。

皮肤是怎么变黑的

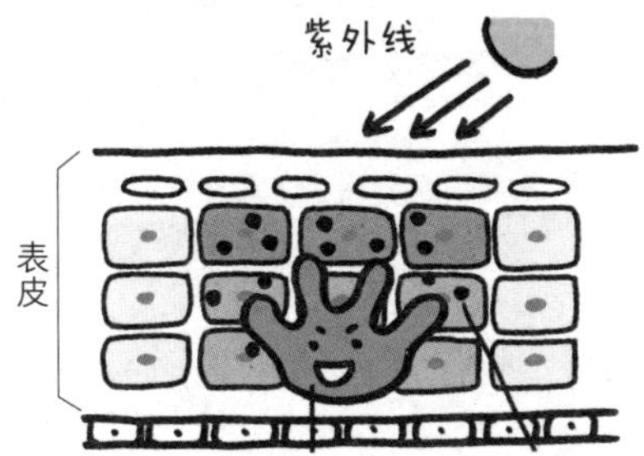

当皮肤受到紫外线照射时，黑色素细胞里的黑色素就会增加，保护真皮层不受紫外线的伤害。但黑色素的过剩反应，也会导致皮肤上出现色斑。

黑色素较多，偏黑色 = 对抗紫外线的能力比较强

黑色素较少，偏白色 = 对抗紫外线的能力比较弱

黑色素与头发、眼睛的颜色

黑色素：较高 / 较低 / 基本没有

头发的颜色

黑发

金发

白发

随着年龄的增加，人体制造黑色素的能力降低，头发就逐渐变白了。

眼睛的颜色

我们所说的眼睛的颜色，实际上指的是虹膜的颜色。

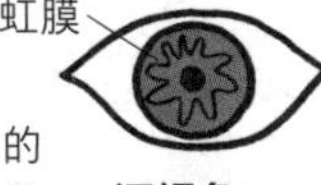

深褐色（棕色）

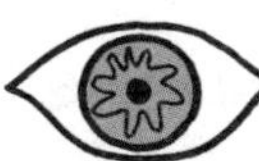

绿色、灰色

蓝色

虹膜识别系统连同卵双胞胎都能区分开呢！

虹膜中央细细的线条状图纹，其实是一种褶皱，一般在人出生两年后就停止生长了，在那之后基本不会发生变化。一个人左右眼的虹膜是不一样的，并且即便是同卵双胞胎，两人的虹膜也不相同。虹膜识别系统使用的就是一种将一个人的虹膜图案制作成数字信息用于身份识别的方法，它比指纹识别、人脸识别的准确性要高很多。

32 鼻孔为什么得有两个呀?

一个鼻孔堵了，还有另一个备用啊!

我们身体上的很多器官都是成双成对的，比如有一对眼睛、一对耳朵、一双手、一双脚，都是一边一个、左右对称的。虽然脸部正中央的鼻子只有一个，但鼻子上的鼻孔却有两个。

那么问题来了，鼻孔为什么会有两个呢？其实，这可不光是为了好看，两个鼻孔是有非常重要的作用的。

首先，我们的鼻子里面有一个布满毛细血管的隆起部位，叫作鼻甲，左右两侧的鼻甲每隔几个小时就会轮流充血、膨胀。**膨胀的鼻孔是比较难通气的，所以我们的鼻孔其实一直是左右轮流、交替呼吸的。**

这是鼻孔的低耗能模式，也被称为“鼻周期”(nasal cycle)，是受自律神经支配的。大约有 80% 的人身上都存在鼻周期。

那为什么会有鼻周期呢？**有些人认为，两个鼻孔轮流呼吸，是为了让一侧鼻孔获得休息，以便节省呼吸消耗的能量。**

还有，鼻孔与左右肺是各自对应的，为了防止大量的空气一下子进入到气管里，肺会调节呼吸时的温度和湿度。当鼻子吸入冷空气时，鼻甲的血管就会膨胀，给由此通过的空气加热；当鼻子吸入干燥的空

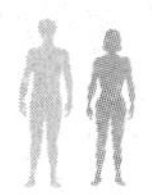

气时，鼻黏膜会分泌黏液，使空气变得湿润起来。

另外，我们人类的鼻子能分辨出的气味种类之多是超乎想象的。以前人们认为，鼻子里有几千种嗅觉受体，能闻出几十万种气味物质。但最近的研究发现，人类的鼻子能辨别出的气味物质多达1兆种以上。辨别气味，实际上是辨别空气里的浮游物质。这里要多说一句——狗的嗅觉能力大约是人类的100万倍呢。

我们的鼻子在辨别气味时，堵塞的那一侧鼻孔里，空气的通过速度比较慢，嗅觉受体更容易捕捉到浮游物质，就能分辨出更多的气味。所以你看，鼻子上有两个鼻孔，是不是非常有必要呢?

人类的两个鼻孔，其实总有一个是堵塞的！

原因众说纷纭，目前还没有定论。

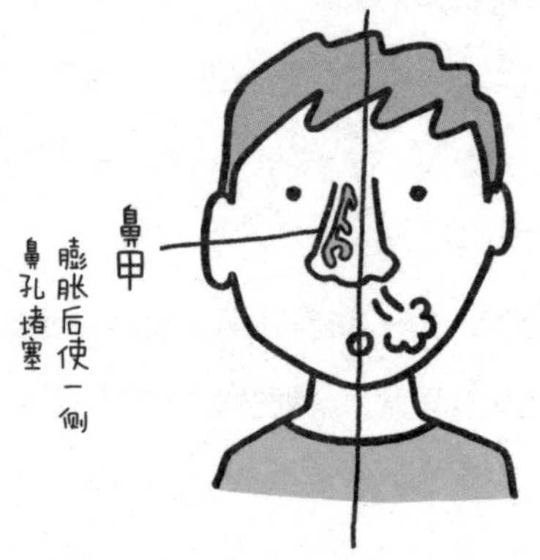

一侧鼻孔堵塞

（大约有 80% 的人身上有这一现象）

由黏膜包裹着的鼻甲在膨胀之后，就会将这一侧的鼻孔堵塞。两个鼻甲每隔一两个小时轮流膨胀，使两个鼻孔里的空气通道交替地打开与关闭。

为什么一侧鼻孔会堵塞呢？原因有很多。

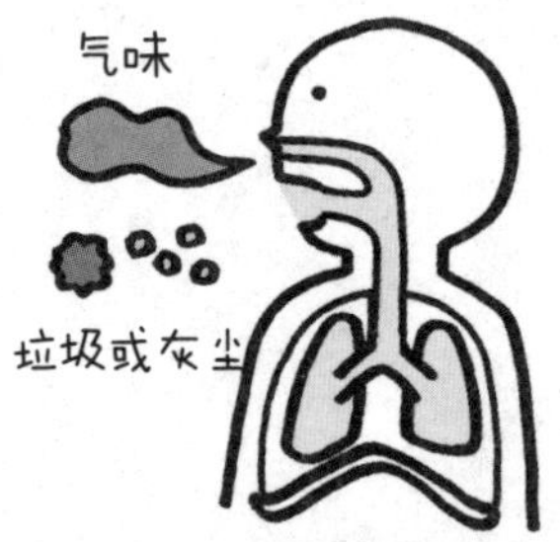

- 可以让一侧鼻孔休息，节省呼吸消耗的能量
- 堵塞侧鼻孔能辨别更多的气味
- 防止病毒、细菌的入侵

如果我们的鼻子只有一个鼻孔，会怎样呢？

- **呼吸变得困难**

  鼻孔里会出现旋风一样的乱流，使人难以呼吸。

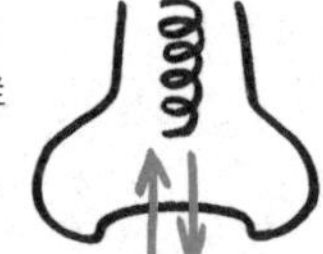

- **难以辨别更多的气味**

  一个鼻孔要辨别 1 兆多种气味，这是超负荷的工作，鼻子的功能会减弱。

- **难以清除灰尘或垃圾**

  鼻中隔将鼻腔分隔为两个鼻孔，扩大了鼻黏膜的面积，而鼻黏膜的面积越大，清除灰尘和垃圾的能力就越强。

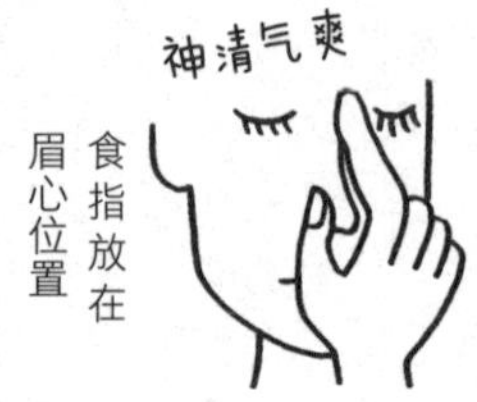

单鼻孔轮替呼吸法可以调节自律神经，令人神清气爽！

单鼻孔轮替呼吸法的练习方法（重复 5 次）

用拇指按住右鼻孔，左鼻孔缓慢地吐气；
接着左鼻孔缓慢地吸气，吸气结束后用中指按住左鼻孔；
松开食指，右鼻孔缓慢地吐气；
之后吸气，吸气结束后用拇指按住右鼻孔，接着松开中指。

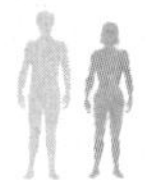

33 花样滑冰运动员在旋转时眼珠一动不动，这是为什么呢？

长期训练让他们体内产生了一种能够抑制眼球转动的神经物质。

人体能保持平衡，依靠的是内耳里的三个半圆形器官半规管和前庭的共同作用。当一个人在旋转的时候，半规管可以感受到身体的旋转。

这是因为，三个半规管里有淋巴液，同时半规管前端还有一个膨大的部位，上面有纤毛束，并且布满感觉细胞，这个部位叫作“壶腹”。人体在旋转的时候，半规管淋巴液的流动和壶腹的摆动会通过前庭神经传达到大脑里面，大脑就接收到了人体旋转的信息。

那么人体转动的时候，眼球又会有什么反应呢？为了保持视野的平衡，人体旋转的时候，眼球会反射性地向相反的方向转动，以确保即使我们的头在转，但眼睛看到的景象不会晃动。不过，要是长时间旋转的话，眼球的转动跟不上头转动的速度，最后眼球会像肌肉痉挛似的，出现震颤的情况。这是因为虽然我们的身体停了下来，但半规管里的淋巴液并没有一下子停止流动，大脑依然在接收旋转的信息，眼球还在向反方向转动，就出现了**眼球震颤**的现象。

那有没有什么方法能改善这种情况呢？我们知道，芭蕾舞的训练方法中，有一种名为**“留头甩头”**（spotting）的技术，就是为了防止眼球震颤。**芭蕾舞演员在旋转时，眼睛紧紧盯着远处的某一个点，头保持不动，当身体旋转到极限的时候，快速地转头，转过来后马上重新盯着那个点。这就是留头甩头的训练方法。**

那么花样滑冰运动可以采用芭蕾舞的训练方法吗？答案是否定的。花样滑冰的旋转速度要比芭蕾舞快得多，短时间内是做不到留头甩头的，眼球还是会转动。所以在花样滑冰的旋转中，为了抑制眼球的转动，运动员需要尽可能地保持头和眼睛都不动，当身体向右旋转时眼球转向右侧，当身体向左旋转时眼球转向左侧，保持不动，让周围的景象在视野范围内流动。不过，光是这样做依然不够，因为花样滑冰的旋转次数很多，一秒钟旋转 3~4 圈，一次要转将近 20 圈。**只有通过不断地练习，让身体适应旋转，并且促使体内分泌出一种抑制性神经递质，也就是 GABA（γ－氨基丁酸），才能抑制眼球的转动。**

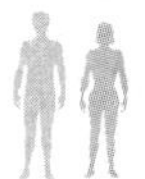

花样滑冰运动员不管旋转多少次，眼球都不会转动。

训练让他们的身体适应了旋转，并且体内产生了抑制性神经递质。

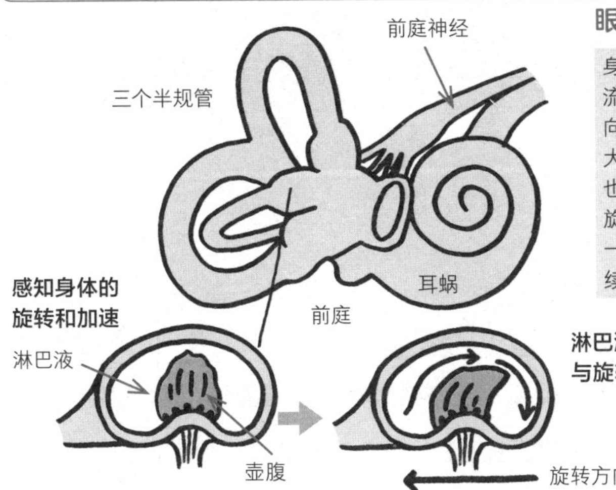

眼球是怎样转动的

身体旋转的时候，淋巴液的流动方向以及壶腹的摆动方向与身体的旋转方向相反，大脑接收到这些信息，眼球也开始转动。但是身体停止旋转时，淋巴液的流动不会一下停止，所以眼球还会继续转动。

这些方法可以让眼球不转

花样滑冰运动员

尽可能地保持头和眼睛都不动，当身体向右旋转时眼球转向右侧，当身体向左旋转时眼球转向左侧，保持不动，让周围的景象在视野范围内流动，就可以抑制眼球的转动。另外，长期训练会使体内分泌出一种抑制性神经递质——GABA，也能起到抑制眼球的转动的作用。

芭蕾舞演员

练习留头甩头的技术。

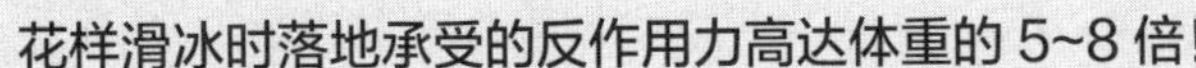

花样滑冰时落地承受的反作用力高达体重的 5~8 倍！

花样滑冰运动以华美的舞蹈著称，一个很重要的看点是运动员的跳跃动作。不过，跳跃落地时冰面对身体的反作用力高达体重的 5~8 倍。如果用跑步来比，跑步时地面对脚的反作用力是体重的 2~3 倍，所以花滑跳跃落地时承受的反作用力和冲击力可以说是非同一般的。花样滑冰是一项需要身体柔韧性、优异的平衡感的竞技运动。

34 人们都说“指甲是健康的晴雨表”，这是为什么呢？

因为营养不良、体质下降确实很容易影响到指甲的状况。

你知道吗，我们的指甲其实是由皮肤衍生而来的，主要成分是硬质蛋白，也就是角蛋白。角蛋白是由指甲根部半月形状的甲母质制造出来的。**指甲位于身体末端，附近都是末梢血管，吸收营养是有困难的。一旦我们的身体出现营养不良或者体质下降的情况，指甲就会受影响。所以我们确实可以通过观察指甲的颜色和形状，来了解自己的身体状态，**并且可以通过指甲变化的一些明显特征，判断自己有没有患上某些特殊的疾病。

首先，很多人指甲上会长出横线。这表示你在某一段时间里体质下降或者压力太大，导致指甲暂时性地停止了生长。指甲的生长速度大约是每天 0.1 毫米，只要量一下甲根到横线的距离，你就能推算出在哪个时间段你的体质变差了。也有人指甲上出现竖线，大多数情况下，竖线的出现只是因为年龄的增长，不必太过在意。不过，如果竖线很深，指甲容易沿着竖线裂开，就要考虑是否有血液循环受阻的可能。

其次，指甲的颜色变化也是需要留意的。如果指甲变成混浊、不

透明的白色，大多数情况是得了真菌性白甲；如果变白的同时，整个指甲变得像毛玻璃一样没有光泽，可能患上了慢性肾炎或肝硬化；如果指甲的颜色变得苍白，有可能是缺铁性贫血；而变成紫色，则有可能是心脏或者肺部出现了病变。

另外，我们也要注意指甲形状的变化。**如果指甲变薄、中间凹陷，变得像一个汤匙，也就是匙状甲，可能是缺铁性贫血的症状**；如果同时还出现了脖子肿胀的症状，那么很有可能是甲状腺功能亢进症的表现；如果出现**杵状甲**，也就是指甲末节肥大隆起，整个手指变得像一个鼓槌一样，大多数是因为血液循环受阻导致血液滞留在指尖处，要考虑是不是有先天性心脏疾病或慢性肺病，甚至肺癌。

除了以上情况，还有些人指甲容易断裂，那通常是因为干燥。如果你在工作中指甲经常碰水，或者爱做美甲、经常使用卸甲水的话，要记得多涂一些护甲油或者护手霜，帮助指甲保湿哟。

指甲的颜色和形状能够反映身体健康状况。

指甲下面布满末梢血管，很容易受到血液循环的影响。

先了解一下指甲的结构吧

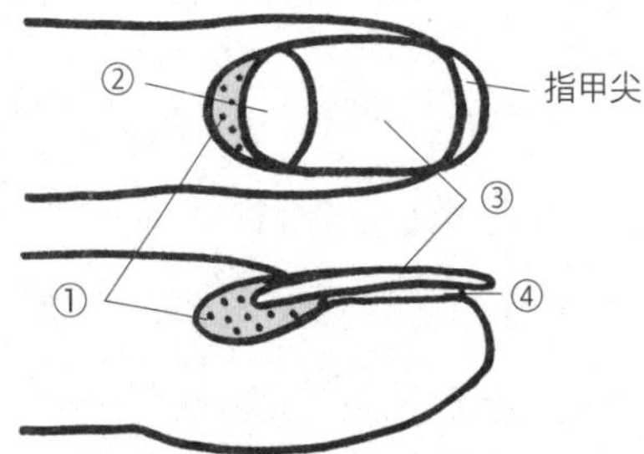

①**甲母质：**这里分布着血管和神经，角蛋白就是在这里生成的，是甲板的“生产车间”。

②**甲半月：**是指甲根部半月形状的乳白色部分，这里的甲板是新生的，含有的水分比较多。

③**甲板：**也就是我们平常说的指甲，由硬质角蛋白构成，起保护手指尖的作用。

④**甲床：**是皮下组织的一部分，为指甲的形成和维护提供必要的水分和营养。

除了保护手指尖以外，指甲还有下面这些重要的功能。

- **抓握东西时：**如果没有指甲，指尖就没有受力点。
- **走路时：**如果没有脚指甲，脚落地时就无法吸收地面的反作用力。

看看指甲的颜色和形状，判断一下自己是不是健康吧

粉色
健康

紫色
心脏病
肺部疾病

白色
贫血
肝脏疾病

黄色
黄甲综合征
（淋巴系统疾病）

红色
动脉硬化
多血症

黑色
有皮肤癌的可能性
（指甲黑色素瘤）

竖线

老化现象、血液循环受阻（指甲断裂）

横线

体质下降、精神压力、心力衰竭（一条白线）

白色、浑浊

真菌性白甲

杵状甲

有肺炎、肺癌的可能性

匙状甲

缺铁性贫血

上述症状可能会是疾病的指征，如果你有某一种或某几种症状，最好去医院接受专业的检查。

在不同环境下，指甲的生长速度是不一样的。

- 一个健康的成年人的指甲生长速度是每天 0.1 毫米。婴幼儿、老年人的速度是每天 0.07~0.08 毫米。
- 脚指甲生长速度较慢（手指甲生长速度是其 2~3 倍）。
- 右手指甲比左手指甲长得快，所有手指中指甲长得最快的是食指，其余依次是中指、无名指、大拇指、小指。
- 冬天比夏天长得快，夜里比白天长得快。

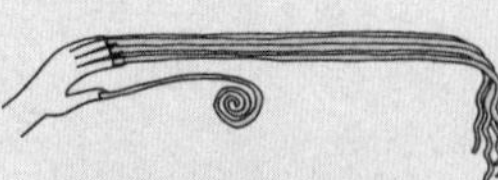

吉尼斯纪录保持者——全世界指甲最长的男人

66 年没有剪指甲，长度为 909.6 厘米（合计）。

35 有人说，“如果皮肤不能呼吸了，人就会死”，这是真的吗？

假的！人类是用肺和心脏向全身输送氧气的。

皮肤，是人体最大的器官，一个正常的成年人的皮肤面积是 1.6~2 平方米，展开来差不多是一张榻榻米[1]大小。

皮肤的功能非常多，它既可以保护身体，避免身体受到各种各样的外界刺激，又能通过血管的扩张和收缩以及出汗调节体温，排出脂肪和老化的角质等。

可能大家都听到过很多坊间传说，比如，女性经常化妆会阻碍皮肤呼吸，导致皮肤变得粗糙，**或者表演时往演员身体上涂很多金粉也会阻碍皮肤呼吸，所以表演时间不可以太长，等等。甚至很多人认为，皮肤一旦不能呼吸，就会有生命危险。**

其实这些都是无稽之谈。

有些动物没有呼吸器官，它们的确是用皮肤呼吸的，比如蚯蚓和水蛭。鳗鱼既能用鳃呼吸，也能用皮肤呼吸，其中皮肤呼吸所占的比例大概是 70%。两栖类动物中，青蛙的皮肤呼吸占其所有呼吸方式的

[1] 一张日式榻榻米的面积通常为 0.9m × 1.8m=1.62 ㎡。

30%~50%。而在鸟类的所有呼吸方式中，皮肤呼吸所占的比例只有不到 1%。可见，随着进化的逐渐深入，皮肤呼吸所占的比例也在逐步下降。**至于人类，皮肤呼吸在人体所有呼吸方式中所占的比例还不到 0.60%，并且，连皮肤中的毛细血管也是要依靠肺呼吸输送氧气的。所以，即便皮肤呼吸不能进行，也不会对身体产生什么大的影响，至于会有生命危险，那更是无稽之谈。**

事实上，皮肤是在生物进化的过程中逐渐形成的。早期，由鱼类进化而来的动物登上陆地后，就需要一层结实的皮肤，用来防止水分蒸发、对抗干燥的环境。

之后，鸟类和哺乳类动物也摆脱了皮肤呼吸的束缚，进化出了厚厚的皮肤，开始走向离水岸更远的地方，逐渐适应了陆地的生活。

与上面这些动物相比，人类的体型更庞大。人类是用肺呼吸的，肺吸入空气后，心脏能够像一个强有力的泵，把氧气输送到全身的每一个角落。

也就是说，**像人类这样体型比较大的动物，仅靠皮肤呼吸是很难维持生命的。用肺呼吸，通过肺泡进行气体交换，才是人类赖以生存的、最重要的呼吸方式。**

人类是通过肺泡交换氧气与二氧化碳的！

“皮肤不能呼吸，人就会死”的说法是不正确的。

肺呼吸

气体交换是在肺泡与毛细血管之间进行的

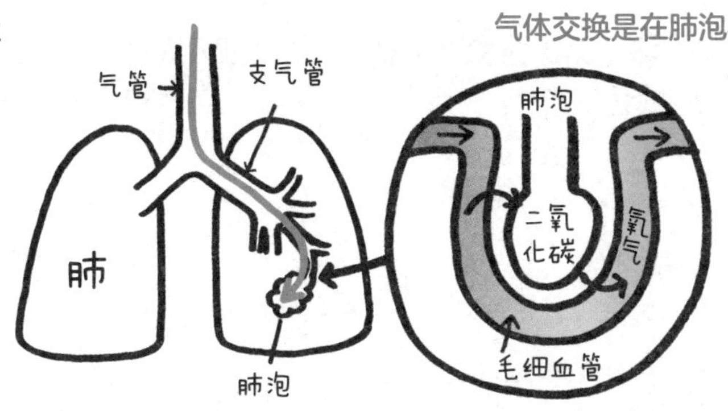

人类呼吸一次，吸气和吐气的量大约都是500毫升，相当于一个矿泉水瓶的容量。

气体交换，就是肺泡与毛细血管之间进行氧气与二氧化碳的交换的过程。

生物的呼吸

蚯蚓

皮肤呼吸

●皮肤的毛细血管吸收氧气、排出二氧化碳。

青蛙

肺呼吸与皮肤呼吸

●在冬眠时皮肤呼吸占70%。

皮肤呼吸

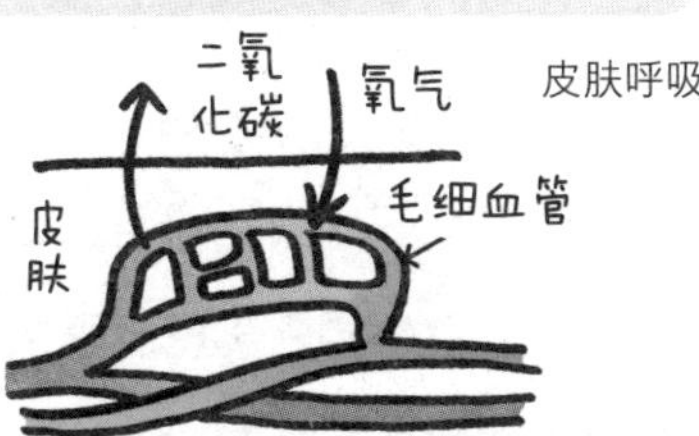

蝌蚪

鳃呼吸

●在长成青蛙的过程中慢慢转变为皮肤呼吸与肺呼吸，从水中向水岸边移动。

烧伤后要谨防皮肤受损导致的并发症。

据说，当一个人体表皮肤的烧伤面积达到60%以上时，就属于重度烧伤，死亡率将超过50%。其实烧伤最可怕的除了皮肤受损以外，还有皮肤受损引起的并发症，比如脱水、休克、器官受损，特别是感染导致的败血症，这些都是十分危险的。

36 有些人头发茂密，有些人头发稀疏，为什么会有这样的差别呢？

头发的多少主要是由两大要素决定的，即荷尔蒙和遗传因素。

头发的生长情况会受到很多因素的影响，比如遗传因素、荷尔蒙的分泌、头皮的血液循环、饮食习惯、压力，等等。

不过，**一个人是不是会秃顶，主要是由荷尔蒙的分泌和遗传因素这两大要素决定的。**

我们每个人身体上都长有体毛。体毛的量和浓密度是由荷尔蒙决定的。男孩子在进入青春期之后，雄性荷尔蒙大量分泌，就开始长胡子、长胸毛；不过头发却相反，随着年龄的增加，反而开始脱发了。**这是因为头发的毛乳头里的男性荷尔蒙受体与身体别的部位不同，在受到雄性荷尔蒙的刺激后，会向毛囊发出脱发的指令。这是男性荷尔蒙中的双氢睾酮（DHT）在作怪。**

DHT 是一种重要的男性荷尔蒙，它可以促使男性胎儿发育出男性器官。胎儿出生后，DHT 的作用会逐渐减弱。但当男性进入青春期后，DHT 的分泌量又会增加，促使男性长出浓密的体毛。不过，如果 DHT 过量分泌，就会使男性头发的毛囊收缩，头发变细，最终头发不再生长并且从毛囊脱落。

目前，我们还不清楚为什么 DHT 会有这样的作用。**男性在青春期结束后，可能会患上“男性型脱发症”（AGA），表现为发际线后移或头顶的头发稀薄，或者两种情况同时出现。AGA 的发病与 DHT 有关，所以 DHT 也被叫作“脱发荷尔蒙”。**

研究发现，秃顶还与 X 染色体上的一种遗传因子有关。男性只有一个 X 染色体，所以男性秃顶是从母亲的遗传信息中获得的。而女性有两条 X 染色体，有可能会从父亲或母亲一方获得不容易脱发的遗传因子，因此相比男性，女性秃顶的可能性更小一些。举例来说，一位女性，她的父亲秃顶，但母亲不秃顶，那么她携带父亲的秃顶基因，同时也继承了母亲的不秃顶基因，她可能不会秃顶，但她的儿子又有可能继承她体内来自父亲的秃顶基因。也就是说，秃顶是可以隔代遗传的，姥爷的秃顶基因，有可能遗传给外孙。

头发稀疏、脱发与荷尔蒙及遗传因素有关！

男性型脱发症是 DHT 的过量分泌导致的。

男性型脱发症（AGA）的发病机制

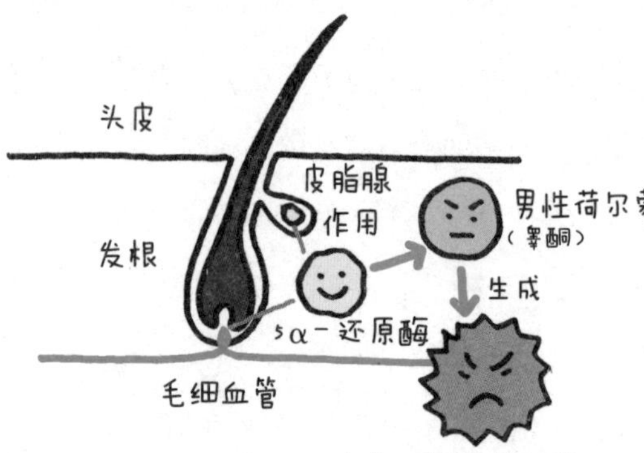

皮脂腺分泌的 5α- 还原酶与男性荷尔蒙结合，形成有害的男性荷尔蒙 DHT，造成脱发。

毛发稀疏和秃顶的原因大多与 AGA 有关

多发于头顶和发际线

女性雄激素性脱发症（FAGA）与女性体内的雌激素下降有关，特点是整体发量的减少。

如果你的姥爷秃顶的话，你也有可能秃顶哟（可能是 AGA）

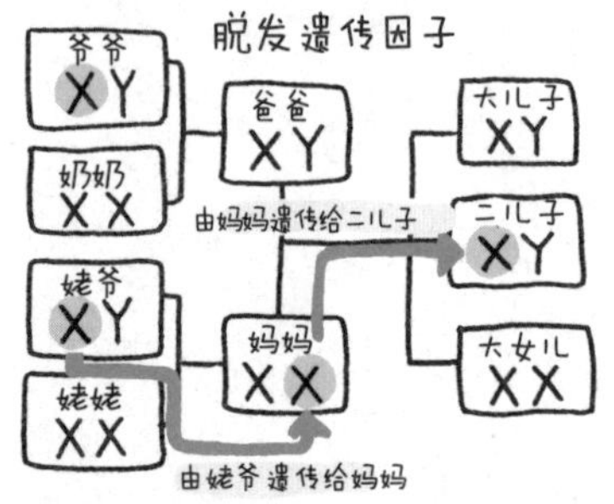

脱发（秃顶）的遗传因子位于 X 染色体上，妈妈体内携带的从姥爷那里继承的脱发遗传因子，可能会再遗传给儿子。也就是说，一名男性从母亲那里继承的脱发遗传因子，实际上可能是从姥爷那里继承来的。这就是“隔代遗传”。

秃顶，其实也是能力高超、体格健壮的一个证明！

男性荷尔蒙过量分泌是造成秃顶的一个原因，但男性荷尔蒙同时也能够促使男性的体格变得更加健壮，能力变得更加高超。所以，头发少反而可以看作一名男性肌肉发达、智力水平高和生殖能力旺盛的一个证明，因此没有必要因为未来可能会秃顶而悲观。

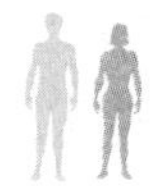

专题

辣味不是味觉，而是一种感觉，大脑是把辣味当作痛感识别的，这是真的吗？

辣椒、生姜、花椒等食材，都带有一种刺激性的味道，统称辣味。但是实际上，辣味并不是味觉。人类舌头上的味蕾能感知到五种味道，分别是甜味、鲜味、咸味、苦味、酸味，也就是"基本五味"。感知辣味的细胞（受体）和上面所说的五味是不同的，辣味的识别主要依靠食物进入口腔后的触感、痛感，以及温度的变化。

也就是说，辣味其实是口腔感受到的一种感觉，是"痛感""热感"。

辣味大体上可以分为两种，一种是以辣椒和花椒为代表的、能让嘴巴里像是火烧火燎的"热辣味"，另一种是以芥末为代表的、有点呛鼻的"辛辣味"。热辣系的辣味是由口腔里的热刺激受体感知到的，一般吃下食物几秒钟后才能感觉到辣味，而且辣味很难去除。而辛辣系的辣味是由冷刺激受体感知到的，食物放进嘴里的一瞬间，就会感觉到辣味，不过这种辣味消失得也很快。另外，热辣系的辣味还有镇痛作用，并能促使体内分泌内啡肽和多巴胺，令人感到放松、愉悦，很多爱吃辣的人，会不断地追求更加极致的辣味刺激，或许正是出于这个原因。

第5章

神奇的肌肉、骨骼和运动系统

人体结构、动作、外观的形成

37 为什么一个人成年以后就不再长高了呢？

骨头上的生长板消失了，身体就很难再长高。

我们的身体，就是在全身的骨头一点一点生长的过程中，慢慢发育完成的。每个处于成长期的孩子，骨头的两端都有一个软骨层，称为“**生长板**”。

生长板里有大量的软骨细胞、成骨细胞和破骨细胞，它们在生长激素的刺激下不断地分裂，骨头一点点地越长越长，我们的身体就慢慢长高了。

到了青春期，除了生长激素以外，性激素的分泌也促进了成骨细胞的大量生成，骨头发育得快，身高一下子就蹿起来了。

但是，骨头生长到一定程度以后，生长板上的软骨细胞就停止分裂了，身体也就不会再长高了。一般来说，女性在 15~16 岁、男性在 18 岁左右停止长高，不过，个体差异也是存在的，有些人在 20 岁时还在长高。

所以，一个人在青春期结束后，身高也就基本固定不变了。位于骨头两端的生长板也被称为“**骺板**”，只要骺板还存在，身体就还有长高的空间，反之就不会再长高了。

一般来说，20 岁以后，骺板就会慢慢地骨化、消失（闭合）了。一旦骺板消失，身高的发育就停止了。不过，**骨头虽然不会长长了，但人体的脊柱和手部、脚部的骨头的骨量还是会持续增加**，直至发育成为一个成年人，脊柱 20 岁以后才停止发育，手和脚在 30 岁前也会继续慢慢地生长。

很多人认为身高完全是由遗传因素决定的。遗传因素当然重要，但睡眠、运动、饮食习惯、压力等后天因素也很重要。

人们常说的“能睡的孩子长大个儿”是有科学依据的，因为生长激素的分泌高峰是在夜间。所以，如果你想要长成高个子，就一定要好好睡觉哟。

只要生长板还在，就还能长高呀！

骨头两端的软骨细胞停止分裂，身体就不会再长高了。

成年后身体不再长高的原因

生长板（骺板）

生长板消失

生长板里的软骨细胞不断分裂，骨头一点点长长。

生长板停止分裂，身体不再长高。

那些与骨头有关的真真假假

白天和晚上，人的身高相差大约 2 厘米

○ 白天，人们直立行走、生活，脊柱上的 23 个椎间盘在重力作用下有所重叠，脊柱长度变短，身高变矮，到了晚上睡觉时，转为平躺姿势，脊柱承受的压力下降，恢复了原状，身高也就恢复正常了。

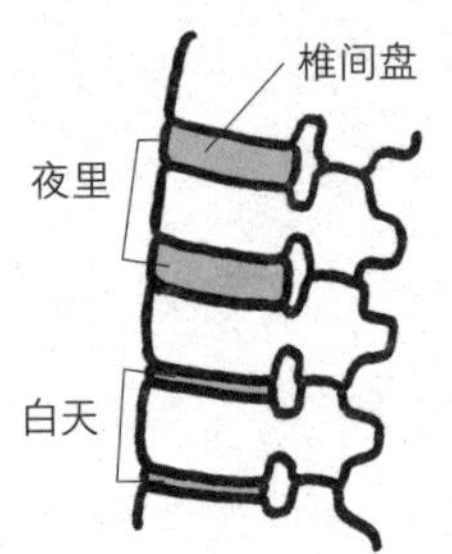

能睡的孩子长大个儿

○ 在睡眠中，生长激素的分泌最旺盛。

小时候运动太多会不长个儿

× 在骨头发育期间，即使运动，也不会长太多肌肉，不影响长高。等到上高中以后，大量运动才会有健身的效果。

负重训练有利于强化骨骼

○ 负重训练能够强化骨骼，防止运动功能下降。

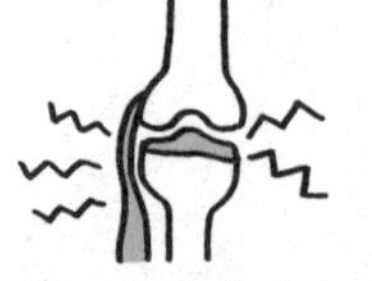

大约 30% 的小朋友会经历生长痛

小朋友腿疼是“生长痛”吗？

很多人小时候都有过这样的经历，在某一段时期，一到傍晚或晚上，以膝盖为中心的下肢部位就开始特别疼，甚至疼到想哭的程度，但到了第二天早上，又一切正常了。这应该就是生长痛，在 3 岁后到小学低年级比较多见。生长痛产生的原因有两个，一个是骨头生长带来的疼痛，一个是心理压力。按摩、热敷、拥抱对缓解生长痛都是有帮助的。

38 骨头，是一个能让我们返老还童的神器！

骨头里产生的一种信号分子能够提高人体的记忆力和活力，使人精力充沛。

骨头长期以来被人们看作人体内含钙量最高的部位，可以支撑我们的身体，保护我们的内脏。近来，研究人员又发现，骨头里产生的一种信号分子不光能够影响大脑和身体的工作，还能提高人体的各项机能水平。

特别是成骨细胞分泌的一种蛋白质——骨钙素，被人们看作返老还童的神奇物质，获得了极大的关注。骨钙素不仅能够提高人体的记忆力、肌肉力量、男性的健康活力，还具有抗氧化、提升肌肤活力的作用。骨钙素在骨头中的含量大约是 0.4%，其中有很少一部分会离开骨头进入血管并随着血液在全身循环，对大脑、肌肉、精巢产生影响。**除了骨钙素以外，成骨细胞分泌的另外一种蛋白质——骨桥蛋白，也具有延缓衰老、提高免疫功能的作用。**一旦骨桥蛋白减少，脊髓里的免疫细胞就会减少，免疫功能下降，有可能会引发癌症之类的疾病。

大家都听说过骨质疏松症吧？这种病现在已经不再是老年人特有的疾病了，年轻人也会得。骨质疏松的发生与骨头里的骨硬化蛋白的异常分泌有关。

很多人会通过增加骨细胞的方式预防骨质疏松症，比如喝牛奶。但是，最近有研究人员声称，过量喝牛奶反而会引发骨质疏松症的早期症状。原因是，牛奶中虽然含有大量的钙（1 升牛奶的含钙量大约是 1200 毫克），却不含镁，而钙的代谢过程中镁是必需的物质。因此大量喝牛奶，很容易破坏体内的矿物质平衡。不过，目前这种说法还没有得到科学的验证。

我们的骨头每天都在不断地新陈代谢，新生细胞一点一点地替换老旧细胞。**一个成年人大约要用三年的时间，全身的骨细胞才能完成一次更替。所以，请你不要偷懒，一定要健康饮食、努力健身，只有这样，你的骨头才会越来越强壮。**

含钙量最高的骨头，也是让我们返老还童的神器！

能够提高人体的记忆力、肌肉力量、性能力、免疫力。

骨头分泌的返老还童物质能令人保持活力

运动时，骨头有了负重，成骨细胞就会分泌信号分子。

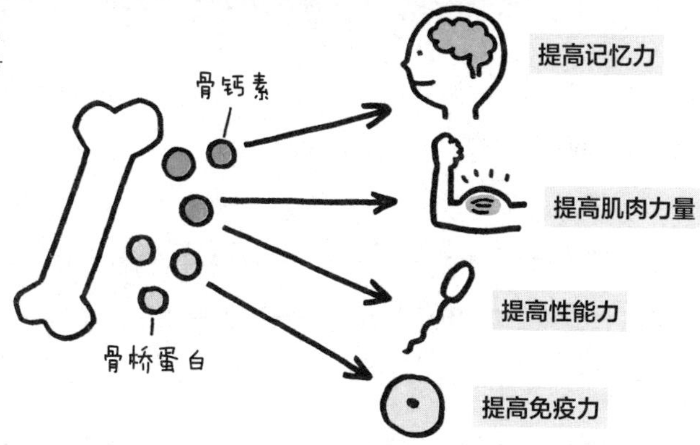

骨质疏松症也与骨头分泌的信号分子有关

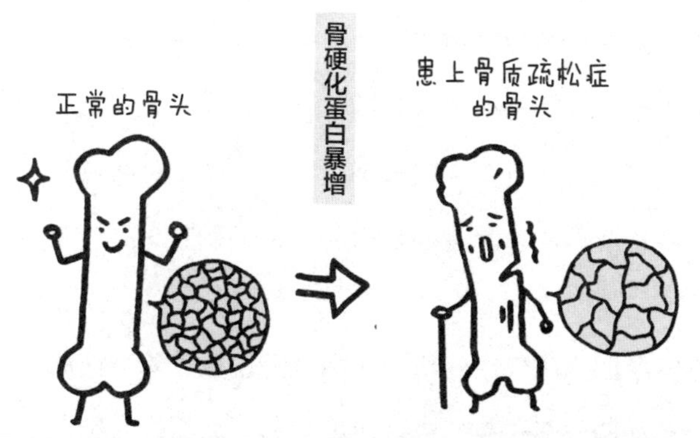

当骨头长时间缺乏营养物质时，骨细胞就会大量分泌骨硬化蛋白，引起骨质疏松。

踮脚可以有效地预防骨质疏松症！

很多人都用喝牛奶的方法预防骨质疏松症。但是，最近有研究人员声称，过量喝牛奶反而会引发骨质疏松症的早期症状。那么，我们不妨采用另一种方法——抬起两个脚后跟，再一下子落回地面，也就是“踮脚”的方法，来预防骨质疏松。不过，需要注意的是，如果踮脚的动作太大、力度太强的话，反而会对膝盖和腰椎造成伤害。所以，我们要由轻到重、循序渐进地增加练习的强度。

39 如果不运动，人的身体和肌肉会怎么样呢?

想要恢复到原先的水平，需要 3 倍于之前的时间。

假如一个人骨折了，等他的骨头长好，拆掉石膏后，他的胳膊或者腿会变得特别细。所以，我们的肌肉有一个特征，那就是，如果长时间不被使用的话，就会慢慢萎缩。

曾经有人做过实验，如果一个年轻人在两周的时间里腿脚一动不动的话，他的肌肉力量会下降 28%，肌肉会减少 485 克，换成老年人，肌肉力量会下降 23%，肌肉会减少 250 克。

可见，肌肉量越多的人，停止运动对身体产生的影响越大。而且，老年人骨折恢复后，即使每周进行 3~4 次锻炼，坚持 6 周，肌肉力量也无法恢复。年轻人停止运动后想要达到骨折前的水平，至少需要原来 3 倍的锻炼时间。

而且，老年人更容易因为生病或受伤而长期住院，在养病期间肌肉、关节、脏器的运动功能都会下降，这就可能引起“废用综合征”。一旦得了这种病，身体活动受限，运动功能进一步下降，**甚至可能引发抑郁或者卧床不起，导致生存质量（QOL）下降，而生存质量的下降又会加重废用综合征，由此形成了恶性循环。**

对老年人来说还有一个很大的难题，那就是，通常，我们想要改善因为运动不足引起的体能下降时，除了走路之类的有氧运动以外，还必须增加负重训练，才能达到锻炼肌肉的效果，但这一点老年人是很难做到的。

另外，有些人会通过节食，在短时间内达到减重的效果，就以为自己减肥成功了。实际上这只是空欢喜一场。在刚刚开始节食的时候，由于体内能量不够，先减掉的其实是肌肉并不是脂肪。一段时间后，脂肪才开始分解、燃烧，脂肪量才会下降。肌肉比脂肪重，因此节食减肥貌似体重下降很快，但肌肉量的减少会导致基础代谢下降，身体里反而更容易储存脂肪。

不过好消息是，增肌并不会受到年龄的限制。所以，不管你年轻与否，最重要的是要动起来。

两周不运动，年轻人的肌肉力量就会和中老年人差不多！

老年人长期卧床，可能会患上“废用综合征”。

如果两周不运动……

想要恢复原先的水平，年轻人的锻炼时间要达到以前的3倍以上，老年人就更长了。

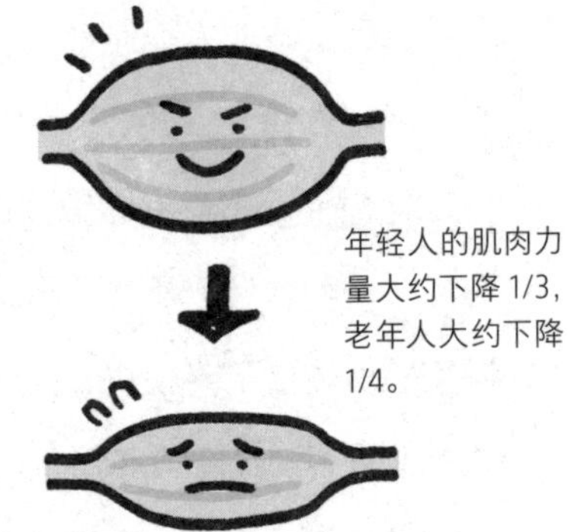

年轻人的肌肉力量大约下降1/3，老年人大约下降1/4。

“废用综合征”的主要症状

体重相同，体型不同

快来了解一下肌肉和脂肪之间的关系吧！

在进行肌肉训练时，我们一般比较关注体重的下降，其实更应该关注的是体型的变化。因为，在体积相同时，肌肉的重量大约是脂肪重量的1.2倍。肌肉和脂肪的密度不同，在体重相同时，如果肌肉更多，体型就比较瘦，而脂肪多，体型看上去会胖一些。并且，肌肉和脂肪的构成成分不同，肌肉也不会转化为脂肪。所以如果你想让身材看上去更健美，那就一定要动起来，消耗能量，减少脂肪。

肌肉有红肌肉和白肌肉之分，它们的区别是什么？

一种是耐力更强的慢肌纤维，一种是爆发力更强的快肌纤维。

我们身体里的肌肉大体上分为三种，分别是**平滑肌、心肌和骨骼肌**。构成内脏和血管的肌肉属于平滑肌，心脏肌肉属于心肌，与肢体动作有关的肌肉属于骨骼肌。

其中，骨骼肌主要是由直径20~100微米、呈纤维状的肌原纤维，也就是肌纤维构成的。每一条肌纤维像橡皮筋一样伸缩，我们的肢体才能做出各种各样的动作。所以，**人们说的运动增肌，其实就是让肌纤维变粗**。

运动会导致比较细的肌纤维断裂，不过，蛋白质会把这些断裂的纤维修复，并且修复后的肌纤维会变得比原先更加粗壮。

很多人不知道，**肌纤维其实也分为两种，一种是红色的红肌纤维，另一种是白色的白肌纤维**。

这两种肌纤维之间颜色的不同，缘于**肌红蛋白**含量的差异。肌红蛋白是肌纤维中负责储存氧气的色素蛋白，红肌纤维中含有的肌红蛋白量比白肌纤维多，因此红肌纤维呈红色，其中储存的氧气更多，不容易疲劳。

另外，红肌纤维和白肌纤维的收缩速度也不同，红肌纤维属于**慢肌纤维**，白肌纤维属于**快肌纤维**。

红肌纤维（慢肌纤维）收缩速度慢，只需要很少的能量就可以持续收缩，所以在长时间的、持久性的运动中表现更好。白肌纤维（快肌纤维）收缩速度快，能在短时间内爆发出很大的力量，所以在需要很强的爆发力的运动中表现更好。

我们用金枪鱼和比目鱼来做一个比较吧。金枪鱼的鱼肉是红色的，它是一种大洋洄游性鱼类，终年游动，几乎从不休息。而比目鱼的鱼肉是白色的，它们经常躺着不动，只有在捕食或者逃避敌人的时候身手敏捷。运动员也是同样的道理，不同的运动项目，对肌肉类型的需求也是不一样的。马拉松选手要有更强的耐力，所以需要更多的红肌纤维；而短跑运动员要有更强的爆发力，需要白肌纤维更多一些。

具体到每一个人，体内是红肌纤维更多还是白肌纤维更多，这是有个体差异的。不过一般来说，随着年龄的增长，人体内的白肌纤维基本都会不可避免地慢慢减少。

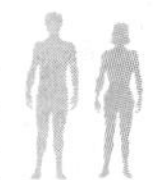

骨骼肌包括两种不同类型的肌肉！
耐力强的红肌肉（慢肌纤维）和耐力弱的白肌肉（快肌纤维）

肌肉的种类

骨骼肌

与肢体动作有关的肌肉。骨骼肌的肌纤维分为红肌纤维和白肌纤维。

平滑肌

构成胃、肠道、血管等的肌肉

心肌

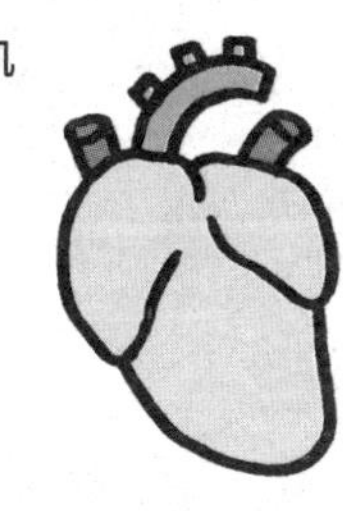

心脏肌肉

白肌肉和红肌肉的区别

白色肉的比目鱼

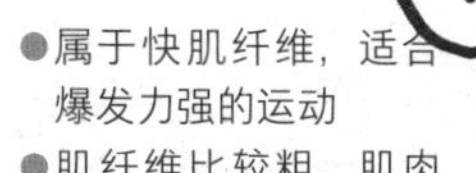

- 属于快肌纤维，适合爆发力强的运动
- 肌纤维比较粗，肌肉力量大
- 容易疲劳
- 短跑运动员体内较多

红色肉的金枪鱼

- 属于慢肌纤维，适合耐力强的运动
- 肌纤维比较细，肌肉力量小
- 不容易疲劳
- 马拉松运动员体内较多

下蹲

运动起来，练出粉红肌！

粉红肌是红肌肉和白肌肉的综合体，既有耐力，又有爆发力，近来饱受运动爱好者们的青睐。不过，粉红肌可不是谁想要就能有的，只有经过认真训练才能练得出来呢。所以粉红肌最多的，就是那些既有耐力又有爆发力的运动员。你想要粉红肌吗？据说下蹲是最适合锻炼粉红肌的运动，快试一试吧。

41 有些人的关节嘎巴嘎巴响，这种声音是哪来的?

比较普遍的解释是，这是关节液里的气泡破裂的声音。

很多人发现自己在弯曲膝盖或者做操的时候，关节会发出嘎巴嘎巴的声音。这种声音也被称为**“弹响”**（cracking），经常出现在颈椎、下巴、手腕、手肘、膝盖等部位的关节。

你小时候有没有把自己的手指掰得嘎巴嘎巴响呢？一定有过吧。

这种声音到底是从哪儿来的呢？很长一段时间以来，人们对这种声音的来源做过各种各样的解释，直到最近几年，有研究人员发现，**这种声音是关节液（滑液）里的小气泡破裂时产生的。**

我们身体里的每一个关节，都包裹在一个关节囊里。关节囊里的骨头之间有细小的缝隙，其间充满了关节液，主要起润滑的作用。

当你把手指伸直，接着使劲把手指关节掰弯时，骨头和骨头之间的距离变大了，但滑液还是那么多，关节囊里的压力就下降了。这时，滑液里就会产生二氧化碳等气体，出现气泡。这种现象是由液体的属性决定的，在一个密封的环境里，当压力下降时，液体中就会产生气体。

当你把关节掰到一定程度时，关节液里的气泡因为受到挤压而破裂，破裂时发出的声音经过周围的软骨、骨头、关节囊、肌腱等的反射，

就成了我们听到的嘎巴声。

不过，你掰响一次之后，再掰就不会响了，这是因为气体需要一定的时间，才能重新在关节液里产生。

有人说，如果你总爱把自己的手指关节掰响的话，手指关节会慢慢变粗。虽然这种说法目前还没有得到科学验证，但是，据说气泡破裂的一瞬间，关节里很小的一点面积就要承受1吨以上的作用力。

所以，让关节承受过大的压力，是有可能对关节造成损害的，即使你觉得很好玩，也要尽量控制自己，不要经常掰手指。

是起润滑作用的关节液发出的声音吗？

是的，是关节弯曲时关节液里的气泡破裂发出的声音。

关节响的声音也叫“弹响”。

关节的结构

手指、颈椎、下巴、手腕、手肘、膝盖等部位的关节都能发出嘎巴声。

嘎巴嘎巴的声音是这样产生的（比较普遍的解释）

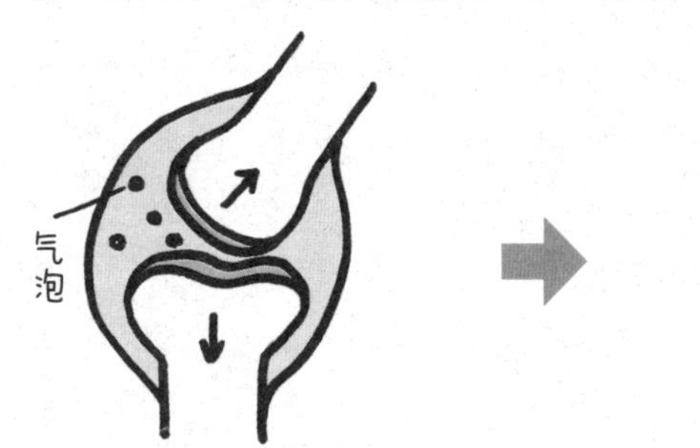

关节弯曲时，关节囊里的压力下降，关节液里产生小气泡。

气泡破裂时发出的声音经过骨头、关节囊等的反射，就成了我们听到的嘎巴声。

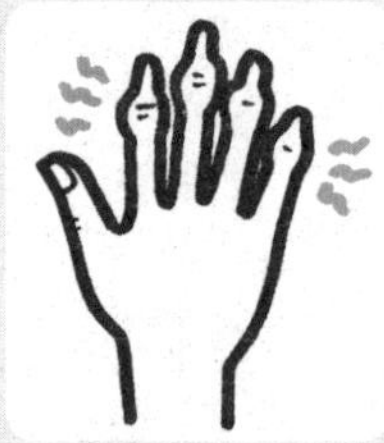

习惯性地掰响手指，会让手指关节变粗！

有些人喜欢把手指掰得嘎巴嘎巴响，而且慢慢变成了一种改不掉的习惯。根据实验数据，假如一个手指关节每天被掰响 10 次，持续一个月，就会可能引起手指关节的炎症。如果换成颈椎关节，后果会更加严重，颈椎软骨可能会压迫神经，引起手臂发麻的症状。所以我们要尽量避免关节弹响，实在改不掉的情况下，也要动作柔和，像做操一样，慢慢来。

42 为什么脚上会有足弓呢?

人在走路时，足弓起着非常重要的作用!

足弓，就是我们脚掌底部凸向上方的那个部位。人类的脚掌，是由 26 块骨头以及相应的肌肉构成的一个弓状结构。就像桥梁和隧道一样，在承受自上而下的压力时，半圆形的弓状结构是最强有力、最稳定的结构。**正因为有了足弓，人类的两个脚掌才能支撑住身体并正常行走。**

实际上我们的脚底一共有三个弓状结构。第一个就是我们通常所说的足弓，是脚底最大的纵弓。第二个弓状结构在脚掌外侧（小脚趾一侧），是一个不容易被看到的、小小的纵弓。第三个弓状结构是连接拇趾根部和小脚趾根部的一个横弓。

足弓的一个作用就是保护脚掌，在脚掌受到来自地面的作用力时起缓冲的作用。试想一下，如果我们没有足弓、脚掌完全挨着地面的话，整个脚掌都要承受地面的冲击。正是因为足弓的存在，我们的脚掌才得以减轻负担。另外，足弓还是一个能帮助身体保持平衡的传感器。

你听说过扁平足吗？扁平足就是没有足弓的脚掌。因为没有足弓的缓冲，患有扁平足的人，走路时很容易累，走路时间久了脚掌还会疼。

足弓是人类特有的结构，其他动物是没有足弓的。不过，人类婴儿在刚出生时脚掌也是扁平的，学会走路以后，到 3 岁左右足弓才慢慢形成，到 9 岁左右发育完成。在这段时间里，鼓励孩子多走路，多用脚趾抓地，可以促使他的足弓发育得更加完善。

可惜的是，由于生活方式的变化，现代人的足弓正在逐渐退化。**而脚掌上的肌肉其实还承担着为血液回流心脏提供动力的作用。**所以，用脚走路的频率下降，会让脚掌肌肉慢慢衰退，血液循环功能下降，容易引起各种各样的疾病。

足弓能够支撑身体、缓解冲击、保护脚掌！

弓状结构的足弓有利于承受自上而下的压力。

脚底的三个弓状结构

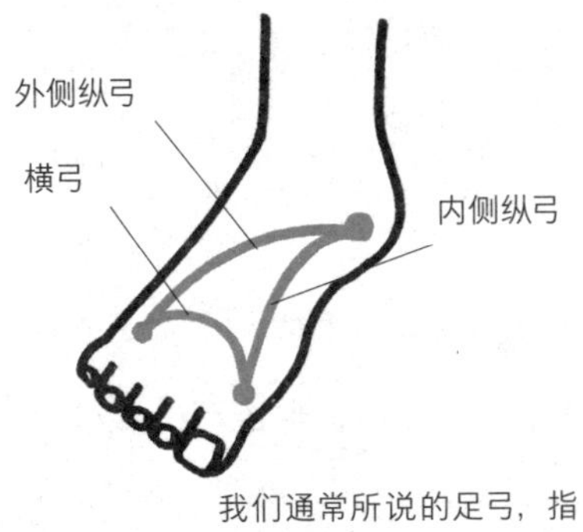

我们通常所说的足弓，指的是内侧纵弓。

弓状结构的功能
弹力作用、缓冲作用、平衡作用

什么是足弓

就是脚掌底部不接触地面的、凸向上方的部位。26 块骨头以及相应的肌肉，共同构成了一个弓状结构的脚掌。

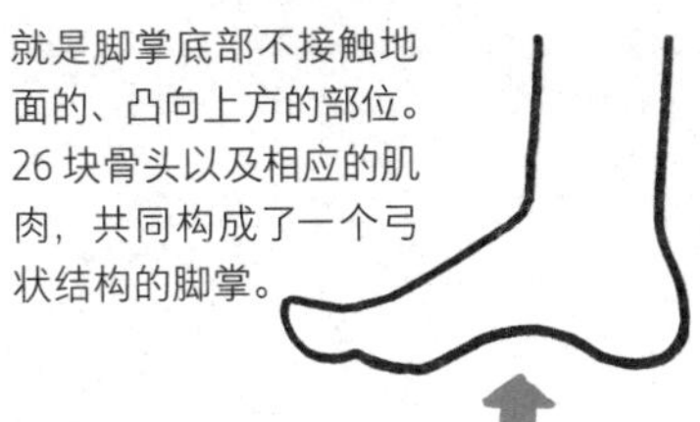

没有足弓的扁平足

走路有困难，容易累，脚底容易疼，有可能引起足外翻。

为什么弓状结构有利于承受自上而下的压力呢

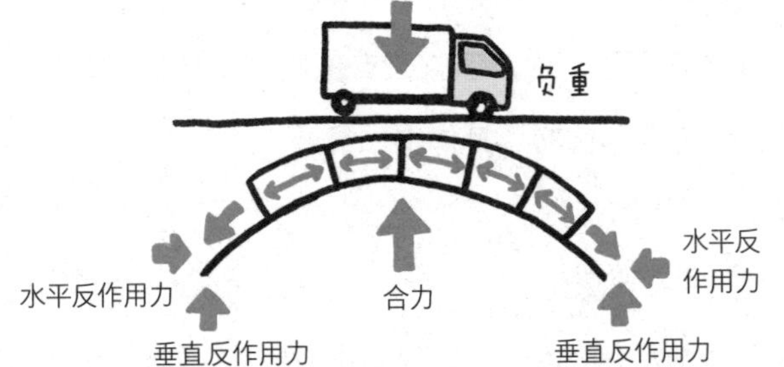

在弓状结构中，当外部由上而下施加压力时，支撑点会产生极大的水平推力，将压力分散。这时，来自地面的水平反作用力和垂直反作用力形成合力，发挥支撑作用。桥梁和隧道都是基于这个原理建造的。

脚趾抓毛巾

用脚趾抓毛巾，把毛巾一点点地向自己的方向勾抓。

通过足底锻炼调整足弓的形状。

你知道吗，我们脚底有很多穴位，它们对身体健康起着非常重要的作用。如果你想让脚底的肌肉变得更发达，那就一定要重视自己的足弓。脚底肌肉的锻炼必不可少的就是脚指头的锻炼，比如脚尖站立、用脚趾玩石头剪刀布、脚趾抓毛巾，等等。快试一试吧。

43 喝醋真的能提高身体的柔韧性吗？

这是迷信的说法。不过，醋确实蕴含着不可思议的能量。

以前经常听人说，“如果你想让自己的身体柔软一点，那就喝点醋吧”。**醋含有醋酸以及酵素，能够分解蛋白质，促进钙的吸收。**炖肉或者炖鱼时加点醋的话，骨头的确会变得酥软一些。也许人们就是通过这些事联想到喝醋能提高身体柔韧性的吧。不过遗憾的是，这是没有科学依据的迷信说法。

醋的主要成分是醋酸，醋酸在进入人体后会被分解为柠檬酸。

梅子和柠檬中也含有大量的柠檬酸。柠檬酸能够缓解疲劳，促进全身的血液循环。**在柠檬酸的作用下，引起肌肉疲劳的物质被清除，疲劳感、僵直感一扫而空，肌肉得到放松，身体得以舒展，这时，或许就会产生一种身体柔韧性变好了的感觉。**

但是实际上身体的柔韧性并没有变化。

不过柠檬酸的功能的确很强大，除了上面讲到的作用以外，它还能促进矿物质的吸收、保护皮肤、防止紫外线照射导致皮肤氧化衰老。

另外醋本身的功效也不可小觑。醋具有抗菌、减盐作用，可以防止血糖值升高得太快，散发出的酸味还能激发食欲。

所以，即使醋不能使身体变得柔软，每天喝一点醋也是没有坏处的。

那么到底怎样才能提高身体的柔韧性呢？**其实身体的柔韧性主要是由关节周围的肌腱和肌肉的柔韧度以及关节的可动范围决定的。**如果肌腱和肌肉的柔韧度比较高，那么四肢的摆动幅度和灵活性就比较高，在运动方面的表现就会更好一些。

如果你真的想要提高身体的柔韧性，最有效的办法就是适度运动。

喝醋能提高身体的柔韧性，这是没有科学依据的！

醋有改善血液循环、提高免疫力等显著功效。

喝醋提高身体柔韧性的说法是怎么来的呢？

- 炖鱼时加点醋能让骨头变软，醋还能溶解鸡蛋壳，或许是受此启发吧。
- 某个马戏团为了缓解演员的疲劳购买了大量的醋，人们看到了，就以为喝醋能让身体变软，流言就这样传开了。

功效强大的醋

* 要注意不能直接喝醋，也不能喝得太多，因为醋酸的强烈刺激会引起胃疼或肠道不适。

什么是双关节？

你身边一定有这样的人，他们的两条腿可以 180° 劈叉，或者大拇指可以掰到手背上。对普通人来说，这些动作即使经过专门的训练也未必能够做到，但他们做起来却毫不费力。这种能力是与生俱来的，他们的关节活动范围非常大，具有过度可动性（非常灵活）。这种关节被称为“双关节”。大约每 20 个人当中，就有一个人有双关节。双关节的好处是关节窝比较浅，弹性软骨比较多，对体操运动员和芭蕾演员来说有非常大的帮助，不过也有容易脱臼、容易疲劳的副作用。

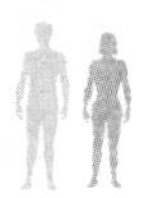

44 大家都说，肌肉酸痛是乳酸堆积惹的祸。乳酸是被冤枉的吗？

肌肉酸痛的真正原因，是肌纤维受伤引起的炎症。

运动引起的肌肉酸痛一般分为两种，一种是即发性肌肉酸痛，一种是延迟性肌肉酸痛。

即发性肌肉酸痛，顾名思义，就是在运动刚刚结束后，甚至运动过程中出现的肌肉发热、发沉的酸痛感。除了运动以外，长时间保持一个坐姿不动，也会引起肌肉酸痛。这种酸痛，通常是疲劳感的根源——**氢离子**在作怪。

而延迟性肌肉酸痛，是指在运动结束后的几小时至几天时间里，只要一活动肌肉，就会产生酸痛感。肌肉酸痛的产生是有个体差异的，与平时的运动量大小有关，但与年龄无关。

一直以来很多人都认为，肌肉酸痛产生的原因是疲劳引起了**乳酸**堆积。但是现在有一种新的理论获得了更多的认可。**新理论认为乳酸是被冤枉的，它并不是肌肉酸痛的始作俑者，肌肉酸痛的真正原因是肌肉在修复损伤的肌纤维时产生了炎症。**

肌纤维的损伤更多地出现在肌肉拉伸运动中，而不是肌肉收缩运动中。这是因为，肌肉本身是通过收缩来发力的，在拉伸的同时发力，

违背了肌肉的基本工作原理。所以，拉伸肌肉的动作比如深蹲，就会给肌纤维带来很大的负荷，容易造成损伤。

在修复损伤的肌纤维时，肌肉产生炎症，包裹肌纤维的筋膜受到抗组胺剂、乙酰胆碱、缓激肽等疼痛物质的刺激，就出现了酸痛感。目前，这种理论已经获得了广泛的认可。

另外还有一种理论认为，肌肉酸痛是由肌纤维断裂导致的，但是肌纤维本身是没有疼痛机制的，所以这种理论恐怕是站不住脚的。

乳酸才不是引起酸痛的疲劳物质呢!

更多研究表明，酸痛感来源于肌肉修复损伤的肌纤维时引起的炎症。

为什么说乳酸不是引起酸痛的原因呢?

- 认为乳酸是疲劳物质，这本身就是错误的。
- 不运动的时候身体里也会产生乳酸。

什么是肌肉酸痛?

比如在运动结束后几小时至几天时间里出现的肌肉酸痛(延迟性肌肉酸痛)。目前，在医学上，肌肉酸痛的原因还没有明确的解释。

肌肉酸痛来源于肌肉修复损伤的肌纤维时引起的炎症——“炎症理论”

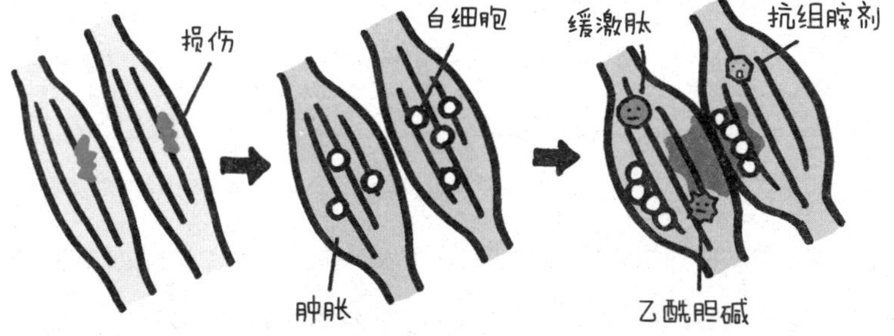

①剧烈运动导致肌纤维受到损伤

②为了修复损伤，白细胞聚集起来，肌肉出现炎症

③产生刺激物质，引起酸痛感

肌肉酸痛时该怎么办呢?

如果肌肉酸痛比较严重，可以先给酸痛部位降温(冷敷)，缓解疼痛感。疼痛感减弱后在温热的水里泡个澡，再加上轻柔的按摩，促进血液循环，慢慢地酸痛感就会得到缓解。作为预防措施，我们在开始运动之前应该做一些准备运动，也就是热身。在运动结束后也应该通过散步等方式让身体慢慢降温，并且补充足够的水分，这样就能降低肌肉酸痛发生的概率。

专题

绝经后的女性容易得骨质疏松，听说喝啤酒能预防？

人类在成年以后，骨头也还会继续生长变化，这种现象叫作“骨重建”。骨重建包括两个方面，一个是骨吸收，另一个是骨形成。骨吸收指的是，在破骨细胞的作用下，骨细胞溶解在血液里，释放出钙质。骨形成指的是，在成骨细胞的作用下，血液里的钙质形成骨细胞，变成新的骨头。骨吸收与骨形成共同作用，使人体血液里的钙含量和骨密度维持在一个平衡状态。一旦骨吸收和骨形成的平衡状态被打破，骨吸收的作用强于骨形成，骨头就会变脆，引起骨质疏松。据说有 80% 的女性都会受到骨质疏松的困扰，主要原因是绝经后女性体内荷尔蒙的变化。女性荷尔蒙中的雌激素可以抑制破骨细胞的活动，增加成骨细胞的活性，维持稳定的骨密度。所以女性在绝经后，雌激素的分泌量急剧下降，就会导致骨密度下降。

最近的研究表明，啤酒中的啤酒花成分，对于防止骨密度下降有非常明显的作用。在动物实验中，实验动物每天喝一定量的啤酒（人类的匹配量应该是每 60 千克，大约 100 毫升），得骨质疏松的概率明显地下降了。也许，女性真的可以每天喝一杯啤酒来预防骨质疏松。不过，过量饮酒还是要杜绝的。

第6章

生殖器、细胞及不可思议的成长

生命的诞生，人类繁衍的奥秘

女性的生育能力能保持到多少岁呢?

40 岁以后，自然怀孕就比较困难了。

女孩子进入青春期之后，大脑视丘下部的下丘脑开始分泌促性腺激素，刺激卵巢产生大量的女性荷尔蒙，身体就会随之出现一系列的变化，比如乳房隆起、卵巢及子宫等生殖器官开始发育。

到了 10~14 岁，卵巢排出第一个卵子，随后开始有了月经，也就是我们平时说的排卵和月经初潮。

女性的月经周期是有个体差异的，一般来说，月经周期在 25~38 天范围内都属正常。**月经初潮到来后，卵子在脑下丘体分泌的卵泡刺激素的作用下，每月排出一次，这样就具备了怀孕、生产的基础。**

卵子是在卵泡中孕育的，每月被排出的那个卵子是所有卵子中最成熟的那一个。据说女性在一生之中排出的卵子最多也只有 400~500 个。其实这些卵子在胎儿期就已经储存在卵泡里了，女婴出生后，体内大约储存着 200 万个卵子，青春期时减少到 20 万 ~30 万个，青春期结束后每个月减少 1000 个左右，直到绝经时基本减少到 0。**绝经一般出现在 45~55 岁，大多数女性的绝经年龄是 50~51 岁。**那么，只要没有绝经，月经还在来潮，就还能怀孕生子吗？其实并不是。在绝

经前10年，排卵的频率就已经很低了，所以自然怀孕的年龄上限是在41~42岁。

一般来说，25~35岁是女性怀孕、生产的最佳年龄段。

日本产科妇人科学会已经将35岁以上的初产妇定义为高龄产妇。女性在35岁后卵巢功能下降，女性荷尔蒙的分泌减少，身体机能受到很大的影响，很难再孕育出健康的卵子，所以怀孕、生产都会变得不那么容易了。

怀孕、生产的最佳年龄段是 25~35 岁。

35 岁以上的初产妇面临的风险会大大增加。

人生百年的时代已经到来，但卵巢的寿命不会延长。

在绝经前 10 年，排卵的频率就已经很低了，所以自然怀孕的年龄上限是在 41~42 岁。

怀孕的过程

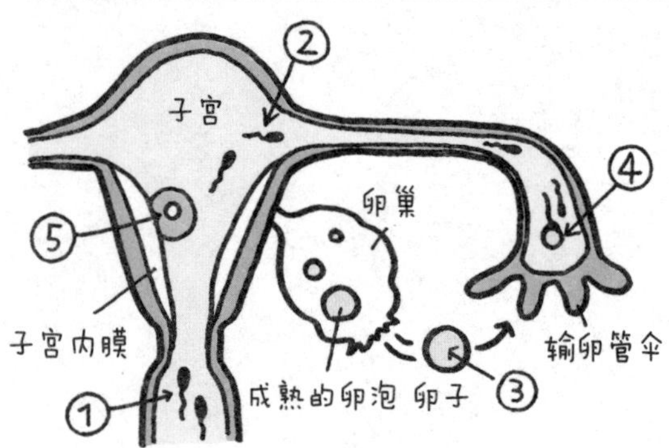

①射出精子
↓
②精子从子宫移动到输卵管
↓
③**排卵：**卵泡成熟后破裂，排出卵子
↓
④**受精：**精子与卵子会合，1 个精子进入卵子中（形成受精卵）
↓
⑤**着床：**受精卵在子宫内膜的某个位置上定居下来
↓
怀孕成功啦

男性的 X 精子与 Y 精子的特性

这两种精子与胎儿的性别有关

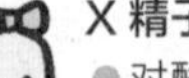

X 精子
- 对酸性环境耐受力强
- 寿命比 Y 精子更长，达 2~3 日
- 数量比 Y 精子少
- 行动迟缓

Y 精子
- 对碱性环境耐受力强
- 寿命较短，只有大约 24 小时
- 数量约为 X 精子的 2 倍
- 行动敏捷

高龄女性生产年龄的吉尼斯世界纪录是 66 岁！

目前（截至 2019 年 4 月），高龄女性生产年龄的吉尼斯世界纪录的保持者是一位西班牙女性，她于 2006 年以 66 岁的高龄产下孩子，而且妊娠期长达 358 天。不过，据说在印度南方地区，有一位 70 多岁的女性（报道称年龄为 73~74 岁）于 2019 年 9 月生下了双胞胎。她通过体外受精怀孕，生产时由于年龄太大，只能选择剖腹产。从事实来看她原本可以成为新的吉尼斯纪录保持者，但遗憾的是关于她的年龄没有确切的证明。

46 人类为什么有男女性别之分呢？

这是为了更高效地繁衍子孙、保留种群。

你知道阿米巴虫吗？它是一种雌雄同体的生物，通过**分裂**繁殖后代，分裂一次，一个阿米巴虫就变成了两个。这种繁殖方式使它们的父母和孩子之间拥有完全相同的遗传信息。一旦它们的生活环境发生急剧变化，就有可能因为无法适应而全部灭绝。

人类与阿米巴虫不同，是有男女性别（雌雄）之分的。两组遗传信息的结合使每一个人都拥有独一无二的遗传信息，即使亲兄弟姐妹之间，都不相同。即便遇到环境的变化，也总有一部分人能够存活下来，繁衍生息。

因此，很多生物为了丰富自己的遗传信息、提高生存概率，会努力寻求与自己不同的遗传因子。

那么怎么做才能提高效率呢？如果将拥有同一类遗传因子的群体归为一类，比如将女性（雌性）归为一类，将男性（雄性）归为一类，不同的遗传因子之间的交换就更便捷可行了。

人类的性别是由染色体决定的。每个人有46条（23对）染色体，其中第23对染色体是性染色体，XY的组合对应男性，XX的组合对应女性。女性的卵子中只有X染色体，男性的精子中既有X染色体，也有Y染色体，所以每一个孩子从父亲身上继承的染色体就决定了他们的性别，X与X结合是女孩，X与Y结合是男孩。

也就是说，孩子是父母双方的染色体结合之后产生的一个崭新的生命个体。

在漫长的历史中，地球环境发生了巨大的变化。假如所有的人类个体的遗传因子都是一模一样的，只要这种遗传因子不能适应地球环境的变化，人类大概就会全部灭绝。而且，正是由于男女性别不同，思维方式与体质也不同，才能使人类社会保持和谐，不断进步。

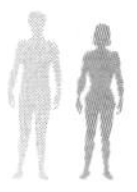

雌雄之分是有利于繁衍后代的！

孩子的遗传因子与你不同，才能更好地生存下去。

人类与阿米巴虫不同的繁殖方式

人类

孩子继承父母双方的遗传信息，子孙后代的遗传因子都是全新的。

阿米巴虫

将一个身体分裂成两个（分裂繁殖），二者拥有相同的遗传信息。

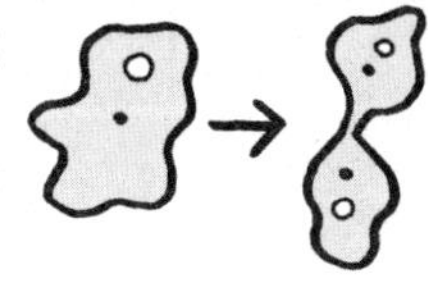

男女之间的认知差异是源于脑梁的性别差异吗

（目前关于男女大脑差异的意见还不统一，并且无论男性还是女性，大脑都是存在个体差异的）

脑梁的性别差异指的是脑梁的粗细程度

男性较细

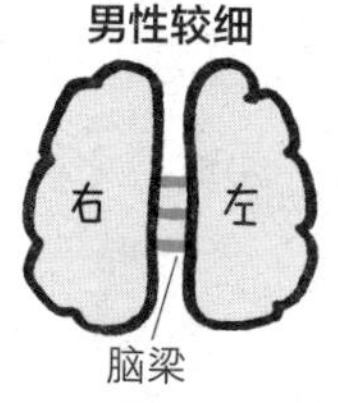

女性较粗

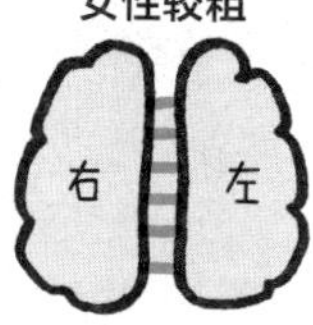

	男性	女性
感知力	分析、解析问题的能力更强	直觉能力更强
恋爱观	重视外表，失恋后才后悔不迭	重视内在，失恋后短时间内情绪消沉，但很快就会振作起来
对话	是为了解决问题	是为了倾诉、获得共鸣

线虫

雌雄同体、兼具两性特征的线虫

线虫（线形动物）是体长1毫米左右的小虫，它们有两种性别，一种是兼具两性特征的雌雄同体，一种是雄性。它们的繁殖方式也有两种，一种是雄性制造精子，与雌雄同体交配，另一种是雌雄同体在自己体内自行制造精子和卵子并在体内完成自体受精。线虫的生命很短暂，但生命曲线与人类非常相似。所以，近几年来科学家已经开始以线虫为模型，展开有关机体老化的研究了。

47 为什么人类的婴儿生下来不能马上站起来走路呢？

因为他们的出生提早了一年！

动物在刚出生时的行动能力是有很大差别的。有些动物在出生1~2小时后就能站起来走路，比如马和牛；有些动物刚出生时没有自己活动的能力，还需要父母的保护，比如老鼠、兔子。

我们把前一种动物称为“离巢性动物”，把后一种动物称为“就巢性动物”。离巢性动物的妊娠期相对较长，基本上每次妊娠只生一胎；就巢性动物的妊娠期比较短，一个月的妊娠期很常见，并且一次妊娠能产下很多胎。

人类比较特殊。人类属于灵长类动物，灵长类动物属于离巢性动物。但人类既有离巢性动物的特征，又有就巢性动物的特征，所以人类有一个特殊分类——**“二次就巢性动物”**。

瑞士生物学家阿道夫·波特曼（Adolf Portmann，1897—1982）据此认为，人类的胎儿原本应该在子宫内生活大约21个月，这样的话一出生就能站立活动，但现实中人类的孕期大约只有十个半月，属于**“生理性早产”**，所以出生后才会没有站立活动的能力。

他还认为，人类的生理性早产与胎儿以及母亲的生理结构有关。

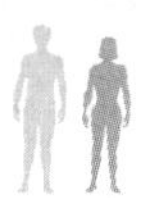

首先，人类在获得直立行走的能力以后，骨盆的形状发生了很大的变化，和那些四肢行走的动物相比，人类的胎儿在分娩时母亲的产道不容易扩张，因此如果胎儿在母体内发育的时间太长、身体发育得太大的话，出生时很难从产道通过。

其次是头围的大小。**人类的大脑比任何动物都发达，胎儿头部的发育也很迅速。如果人类胎儿在母体内发育到其他离巢性动物出生时的程度，那么人类胎儿的头就会发育得很大，出生时也很难从产道通过。**

所以人类的胎儿只能提前一年出生，也就是生理性早产。虽然人类在出生时十分弱小，但生理性早产也为人类赢得了直立行走的能力和发达的大脑，使人类得以创造高度发达的文明社会。

婴儿生下来不能马上走路是因为生理性早产！

胎儿需要确保自己可以通过产道顺利出生。

动物宝宝出生时的状态分类

离巢性（在和父母相伴活动的过程中长大）
- 妊娠期长
- 原则上一次一胎
- 出生后不久就能活动，比如马、猴子、大象等

就巢性（在巢里 / 窝里由父母守护着长大）
- 妊娠期短
- 一次多胎
- 无法自主活动、自主进食，如老鼠、狗、猫等

人类宝宝的特点

- 妊娠期长，单次妊娠的胎儿数量少（离巢性）
- 出生时不具备自主活动的能力，没有父母的照料无法生存（就巢性）

离巢性 + 就巢性

人类属于 **二次就巢性动物**

人类原本属于离巢性动物，在直立行走后骨盆发生变化，产道不易扩张，另外人类的大脑更加发达，头围更大，所以胎儿要在无法从母亲产道通过之前出生（生理性早产）。

直肠
内痔核
外痔核

痔疮——人类不得不独自面对的宿命！

与四肢行走的动物相比，人类在直立行走之后，屁股的位置变得比心脏低，血液容易瘀阻，直肠、肛门部位的血液循环功能下降，一些血管膨起，就形成了痔核。痔核是几乎每个人都有的，在肛门关闭时还能起到缓冲垫的作用。但痔核如果变大，就会产生剧烈的疼痛感，也就是我们平时说的痔疮。痔疮是一种隐秘的常见病，据说每三个人中就有一个人患有痔疮呢。当然，动物是不会有这个烦恼的。

48 人类的身体是由什么构成的呢？

人体大约 60% 的成分都是水！

你知道人类的身体是由什么构成的吗？

人体的构成成分之中，水分所占的比例是最高的，占体重的 2/3 左右。紧接着是蛋白质和脂肪，也就是肌肉、内脏、血液、头发、皮肤等的组成成分。最后是钙、磷，以及微量的锌、铁、铜、锰等重金属成分。

人体的肌肉和内脏等是由一个个小小的细胞构成的。**细胞是构成生命体的基本单位。一个人体内大约有 37 兆个细胞，人体水分中的 2/3 也都包含在细胞里面。**

细胞的形状是多种多样的，根据位置、作用的不同，可以划分为 200~300 个种类。细胞的个头也很小，大部分只有几微米那么大，最大的也不过 200 微米（0.2 毫米）而已。

不过，无论形状和大小有多么不同，它们的基本结构都是相同的。每一个细胞，都是由包裹整个细胞的细胞膜，以及细胞质、细胞质里储存遗传信息的细胞核、为细胞活动提供能量的线粒体、负责合成蛋白质的核糖体、主导细胞分裂的中心体构成的。

人类的生命之旅，就是从一个受精卵细胞开启的。受精卵不断地进行细胞分裂，分化出构成肌肉、骨头、心脏等器官的细胞。

初期的受精卵是胚胎干细胞，具有生成各种细胞的潜能，这种细胞被称为“未分化细胞”。**不过，随着分化的逐步进行，相同功能的细胞逐渐聚集在一起，形成了神经、肌肉、上皮等人体组织。**

而且，人类成年之后，每一天体内都有大量的细胞在持续地新陈代谢，维持着我们身体的正常功能。

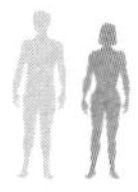

人体是由大约 37 兆个细胞构成的！

人体组织，其实就是同类细胞的集合体。

人体里有 2/3 是水分！

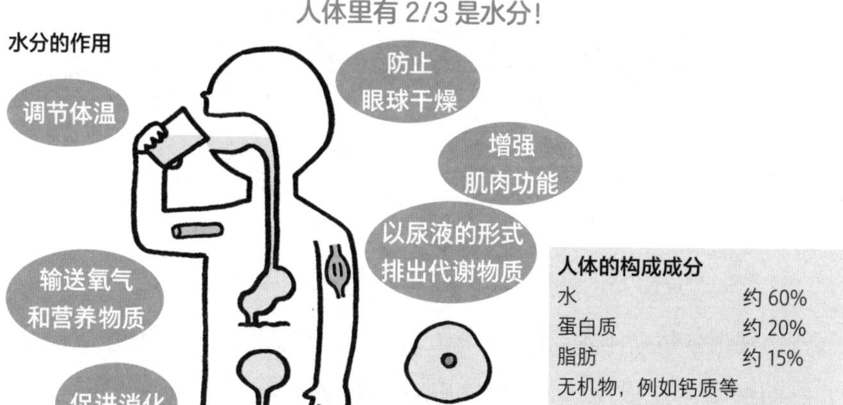

人体的构成成分	
水	约 60%
蛋白质	约 20%
脂肪	约 15%
无机物，例如钙质等	约 5%

人体是由大约 37 兆个细胞构成的

一篇发表于 2013 年的论文指出，经过测算，人体是由大约 37 兆个细胞构成的。如果将这些细胞连成一条线，可以绕地球 9 圈。

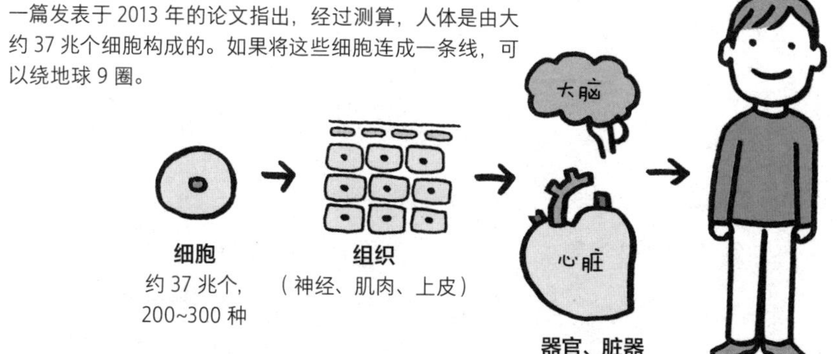

生理时钟，掌握着人体在一天 24 小时里的节律。

早上醒来、白天活动、夜里睡觉，在 24 小时里，我们有节奏地过着规律的生活。这就是生物节律，是地球上的所有生物在亿万年间的进化中获得的宝贵技能。生物节律也叫生理时钟，我们用肉眼是看不到的，但它却潜藏在我们身体的每一个角落。在视交叉上核，也就是中枢生物钟发出指令后，生物体内除了生殖细胞以外的每一个细胞，都会齐刷刷地行动起来。

49 听说细胞还会自杀，真有这回事吗？

细胞有两种死法：坏死和凋亡！

我们身体里不同部位的细胞寿命也是不同的。

骨细胞的寿命大约是 10 年，是所有细胞中寿命最长的；肌肉细胞的寿命为 6~12 个月；皮肤细胞的寿命为 20~30 天；肠道上皮细胞寿命最短，只有 1 天。只是，无论寿命长短，细胞总是要死亡的。

细胞的死亡方式大体上可以分为两种：**一种是坏死（necrosis），指的是细胞的意外死亡；另一种是凋亡（apoptosis），指的是细胞的程序性死亡。**

细胞坏死，是由于外伤、细菌感染、营养不良等原因，细胞膨胀、破裂、内液流出，引起炎症反应，导致细胞意外死亡。

细胞凋亡，是细胞按照预定的死亡程序，经过缩小、分割，最后形成一个个凋亡小体，被巨噬细胞（白细胞中的一种）吞噬掉。这是一种**自主性的死亡方式**，不会引起炎症，基本不会留下痕迹。细胞的一部分被回收利用，为新生细胞的制造提供材料。

研究发现，细胞凋亡会发生在很多种情况之下。比如，在脊椎动物的神经系统形成过程中，大约有一半的神经细胞就是以细胞凋亡的

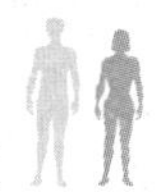

方式死亡的。

再比如，胎儿的手指和脚趾的发育，也离不开细胞凋亡的作用。一开始，胎儿的手腕和脚腕处都是饭勺一样的形状，在发育到一定程度后，相邻的指（趾）头中间的连接部分，就开始出现细胞凋亡，直到最后，手、脚发育出手指和脚趾，也就是我们看到的样子。

还有，如果一个人被强烈的紫外线晒伤，甚至达到了连遗传因子都无法修复的地步，这时，皮肤细胞就会主动选择死亡，以便生成新的皮肤。**劣化细胞的凋亡也是程序性死亡，是劣化细胞为了降低对其他细胞的负面影响，自主地选择了死亡。**

细胞的死亡是有自杀和他杀之分的！

细胞自杀，是为了让生物体更健康地活着。

人体每天大约有 3000 亿个细胞死亡，再由新细胞取而代之。这是人体保持健康的重要能力。而癌症的发病往往和细胞出现“永生不死”的变异有关。

细胞的坏死和凋亡

坏死

被火烧伤、受到辐射伤害时，细胞膨胀、破裂、细胞内液流出，甚至会连累其他正常细胞也受伤（坏死）。

凋亡

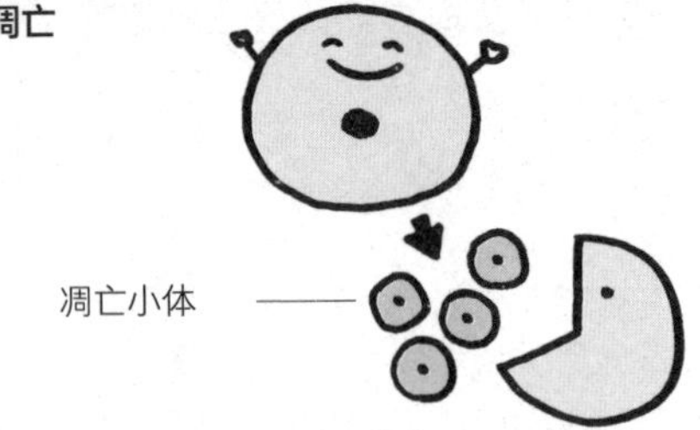

凋亡细胞是为了让生物体保持更好的状态而积极自主地选择了死亡。细胞逐渐缩小，分割成小小的凋亡小体，被巨噬细胞吞噬掉。凋亡细胞的一部分还会被回收利用（程序性死亡）。

细胞凋亡案例

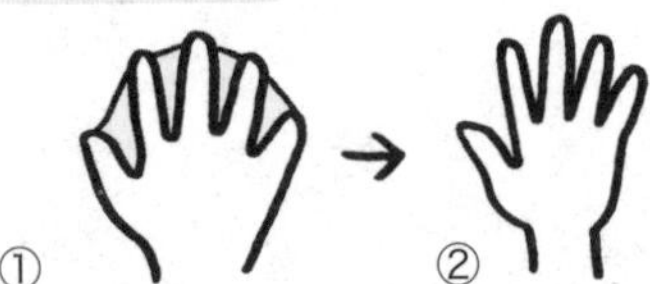

胎儿手掌的形成过程

①细胞分裂促使胎儿的手掌形成，而手掌上又有一类细胞构成了“蹼”；

②这一类细胞逐渐凋亡，蹼慢慢消失，手指慢慢长出来，胎儿出生时，就有了一双可爱的小手。

在无氧环境下也能生存的多细胞动物的发现有什么意义？

很多年以前，人们第一次发现，在地中海海底的沉积物中有一种体长 1 毫米以下、在无氧环境中也能生存的多细胞小动物。如果人类能够探明这种生物体的结构，就可以制造出不需要氧气就可以存活的细胞，那么，人类在宇宙中生存的可能性将会大大提高。另外，多细胞动物的发现让科学家更加相信，木星的卫星“欧罗巴”上不仅有地下海，地下海里还有可能存在与这种多细胞动物类似的生命体。

50 体脂可真是减肥的大敌，为什么总也减不下来呢？

那就增加一些“可以瘦身的脂肪细胞”吧！

脂肪不光是女孩子们的烦恼，那些中老年男性，在想要减肥时，也常常因为脂肪太多而苦恼。

所谓脂肪细胞，指的是细胞质里有脂肪球的细胞。脂肪细胞大体上分为两种，一种是白色脂肪细胞，一种是褐色脂肪细胞。

我们平时提到脂肪时通常指的是白色脂肪细胞。白色脂肪细胞遍布全身，可以将体内多余的热量以脂肪的形式储存起来。人体的下腹部、内脏周围、臀部、大腿、后背、手臂部位最容易堆积脂肪，如果臀部和大腿脂肪比较多，就属于“皮下脂肪型肥胖”；如果腹部内侧脂肪比较多，则属于“内脏脂肪型肥胖”。

一般来说，女性在孕期的最后三个月、哺乳期和青春期是最容易发胖的。**在这三个时段里多长出来的脂肪细胞很难再减回去，一旦胖起来，再减肥就有难度了。**

至于褐色脂肪细胞，可能很多人都不是很了解。褐色脂肪细胞主要分布在脖颈、腋下、肩胛骨周围、心脏、肾脏周围。褐色脂肪细胞的作用是促进脂肪的燃烧，提高热量消耗。

也就是说，体内的褐色脂肪细胞比较多、功能比较活跃的人，身体的热量消耗比较大，减肥的效果也就比较明显。但是遗憾的是，人体内褐色脂肪细胞的数量在幼年期就达到了顶峰，随着年龄的增加，褐色脂肪细胞的数量会越来越少。不过，我们也不用灰心，褐色脂肪细胞在寒冷和交感神经的刺激下，活跃性会增强，所以我们可以通过寒冷天气里的运动以及冷水浴等方式，刺激体内的褐色细胞，让它们活跃起来，发挥瘦身的作用。当然，做这些时一定要注意保温。

最近，科学家发现人类体内还有第三种脂肪细胞，叫作“米色脂肪细胞”。米色脂肪细胞来源于白色脂肪细胞，是白色脂肪细胞在受到寒冷刺激后转化而成的。人类成年以后的米色脂肪细胞与童年时期的褐色脂肪细胞一样，也发挥着燃烧脂肪的作用。

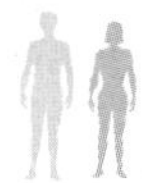

竟然有一种脂肪细胞的作用是减少脂肪！

增加体内的米色脂肪细胞，可以减少体脂。

脂肪细胞的种类

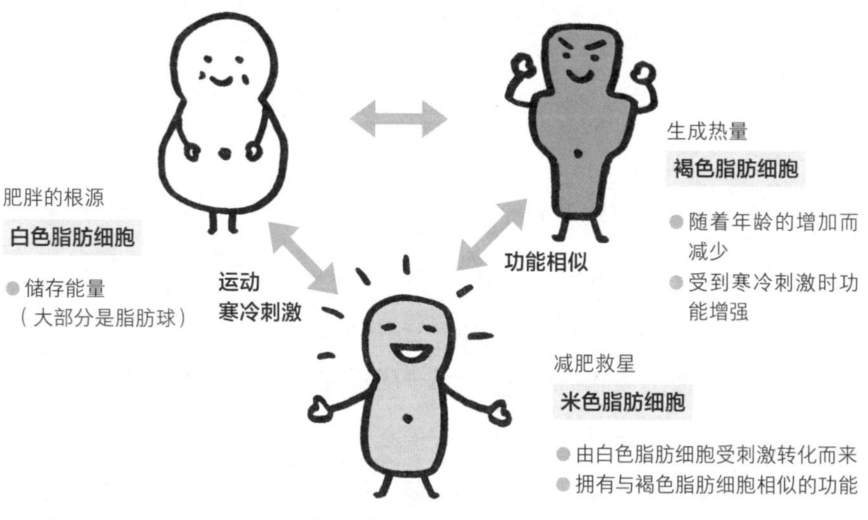

冷热水交替浴有助于增强褐色、米色脂肪细胞的功能

①先用热水洗浴，温暖、放松身体；
②在冷水浴缸里浸泡；
③将前两步重复进行几次。

*也可以采用冷、热毛巾轮流包裹身体的方式。不过，一定要注意保暖。在患有高血压、心脏疾病、重度炎症以及喝了酒的情况下，这些方式都不适用。

婴儿体温高，就是因为身体里的褐色脂肪细胞比较多。

抱过小婴儿的人就知道，抱着他们没多久，就会感觉到暖暖的、热热的。可是小宝宝们的肌肉并不发达，为什么他们的体温比成年人高呢？其实，他们体温高与肌肉无关，而是体内褐色脂肪细胞的活跃使体温升高了。人类在幼年时期体内褐色脂肪的数量是最多的，成年后会减少到幼年时期的一半以下。

51 人类为什么会得癌症呢？

癌症，是变异癌细胞疯狂地扩张领地的结果！

据说，每两个日本人之中，就有一个人在一生中的某个时候患上某种癌症。从性别来看，男性患癌的概率是 62%，女性是 47%。

癌症实际上就是癌细胞的聚集导致的。那么癌细胞又是从哪里来的呢？癌细胞是正常细胞的遗传因子受到损伤后突然变异形成的。通常情况下，当细胞发生变异时，**抑癌基因**会抑制癌细胞的生成，为癌症的发生踩下刹车。但是，当遗传因子发生变异时，抑癌基因的功能下降，癌细胞就会开始疯狂地扩张领地，以极强的生命力快速地分裂、无限地增殖。

其实，我们每个人身体里每天都会有 5000 多个癌细胞产生。其中大多数都会被人体的免疫机制消灭掉，一旦有癌细胞留存下来，在不断地增殖之后，就发展成了癌症。

一般来说，致癌因素可以分为两种，一种是环境因素，一种是遗传因素。环境因素包括抽烟、饮食、感染、过量饮酒等，这些因素都会提高癌症的发病概率。另外，压力过大导致活性氧增加、免疫功能下降，也是一个重要的致癌因素。

而在大肠癌、前列腺癌、乳腺癌、卵巢癌等癌症的发生概率上，遗传因素的作用表现得比较明显。

如果家族中出现某个家人年纪轻轻却得了癌症，或者同一个人得了好几次癌症，又或者几位家人都得了同一种癌症的情况，就要警惕存在遗传的可能了。

有些人认为癌症也是一种衰老现象，是难以避免的。但是，我们还是可以通过改善我们的生活习惯，努力地让自己的身体没有那么容易患上癌症。戒烟、少喝酒、饮食均衡、适度运动、保证睡眠质量等，都能帮助我们离癌症更远一些。

细胞变异，癌细胞疯狂地扩张领地，癌症就这样产生了！

抽烟、饮食不节制等不良日常生活习惯也是癌症的诱因。

正常细胞在受到损伤后，抑癌基因功能下降，变异细胞分裂、增殖，变成癌细胞。

日常生活中的致癌物质和致癌因素

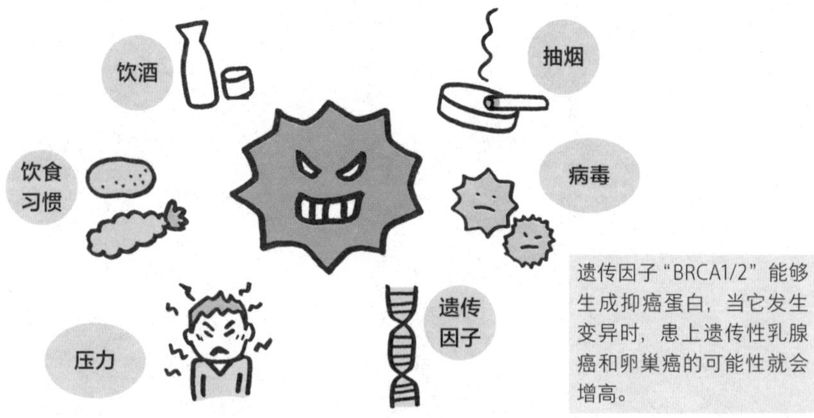

遗传因子“BRCA1/2”能够生成抑癌蛋白，当它发生变异时，患上遗传性乳腺癌和卵巢癌的可能性就会增高。

狗狗得的癌症里有一些是具有传染性的！

狗狗和人类一样，也会得癌症，并且有些癌症是可以在狗狗之间传染的。当它们交配时，一只狗狗体内脱落的肿瘤细胞，有可能转移到另一只狗狗身上。这种传染性癌症是由已经灭绝的西伯利亚犬流传下来的，至今依然在非洲、澳大利亚、美国等地区的近代犬中传播。不过，大家可以放心，狗狗的这种传染性癌症是不会传染给人类的。

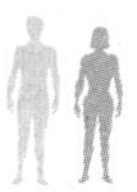

52 为什么有的孩子长得很像父母，有的却一点也不像呢?

孩子的长相虽然会受到遗传因素影响，却不一定会照搬父母的全部特征。

你有没有发现，在我们身边，有些人长得和父母极为相像，而有些人却和父母的长相完全不同。说到底，一个人的身高、发色、肤色、体质、能力等所有的个人特质，都是由染色体中的20000个遗传因子决定的。

比如说，同卵双胞胎的遗传因子是完全相同的，所以他们有可能100%相似。**而孩子不管和父亲或母亲多么相像，他的遗传因子里一定有一半来自父母中的另一个人，所以，孩子不可能和父母中的一方长得完全一样。**

一般来说，父母和孩子有三个地方是长得最像的——眼睛、鼻子和颌骨（面部轮廓）。这三处的相像，会让周围的人产生一种“说不清哪里像，总之整体上都很像”的感觉。另外，**有些人长得既不像父亲也不像母亲，还有可能是祖父的隔代遗传。**

人类体内共有两组染色体，一组23对，两组一共46条。假设我们简化一下，将这两组46条染色体看作两组4条的话，父亲体内的两组4条染色体来源于祖父母，孩子又会从父亲身上继承一组2条染色体，那么祖父母遗传给这个孩子的染色体就有 4 种组合类型。那么，还原为两组 46 条，祖父母遗传给孩子的染色体组合类型将是 2 的 23 乘方，也就是 838 万 8608 种组合类型。**这种祖父母的遗传因子的经过打乱重组并遗传给孙辈的机制，也被称为“随机配对”**（random assortment）。重组机制使孩子拥有了与父母完全不同的、全新的染色体。

所以，孩子与父亲或母亲的遗传因子有一部分相同，也有一部分不同，整体来看一定是不同的。看上去相似，本质上却并不相同，这不正是父母与孩子之间的真实写照吗？

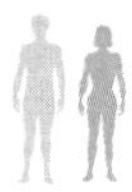

虽然“龙生龙凤生凤”，但“鸡窝里飞出金凤凰”也存在。

父母和孩子既有相同点也有不同点，很像却又不一样。

同卵双胞胎的遗传信息基本上100%相同

父母与孩子的遗传信息

- 由于突发变异，每个孩子体内平均会产生70个既不同于母亲也不同于父亲的遗传因子。
- 有的孩子即便不像父母，也有可能因为隔代遗传而与祖父母相像。

遗传信息具有多样性，父母和孩子可能很相像，也可能完全不像。

人们总说“儿子像妈，女儿像爸”，这是真的吗

- **儿子像妈的原因**

男孩子遗传了母亲的X染色体，所以像母亲。

- **女儿像爸的原因**

女孩子遗传了父亲的X染色体和母亲的弱势X染色体，所以像父亲。

性染色体中的X染色体比Y染色体携带更多的遗传信息，包括面相、性格等，与男女性格的形成有很大的关系。不过，一些欧洲研究者对此持否定态度，他们认为，除了在性染色体发现的5个遗传因子以外，在常染色体上也存在很多遗传因子，对于面相的形成起决定性作用。

运动和改善饮食习惯，都是防止发胖的关键。

肥胖也可能与遗传因子有关！

我们知道，包括β-肾上腺受体在内的50多个与基础代谢有关的遗传因子，与肥胖之间是存在关联性的。最近，研究人员又发现了一种与能量代谢无关，而是与食欲有关的遗传因子，也与肥胖有关。当这种遗传因子发挥功能时，人的食欲就会被抑制住，反之，当它休眠时，食欲大增导致饮食过量，就很容易变胖了。

“端粒酶”到底是什么？它真的能延长寿命吗？

它是一种酵素，能够延长端粒，具有延年益寿的功效！

细胞分裂，是生物体维持生命的基础。如果细胞永远年轻、永远健康，那么我们是不是也可以不老、不死了呢？很遗憾，细胞分裂的次数是有限的。**端粒，就是细胞分裂过程中的关键因素。它位于染色体末端，对染色体起保护作用。**

细胞每分裂一次，端粒就会变短一点，一旦端粒短到一定程度，细胞就会老化并且不会再继续分裂了。这就是“海弗利克极限”（Hayflick limit）。人体细胞的分裂次数最多能达到 60 次，每两年左右分裂一次，那么 120 岁就是人类寿命的极限了。

端粒酶的发现颠覆了这个规律。端粒酶存在于干细胞、生殖细胞、癌细胞等之中，它的作用是减缓端粒的缩短速度，以及延长端粒。研究者发现大约 90% 的癌细胞中含有端粒酶，所以他们认为，癌细胞的异常增殖，或许也与端粒酶的活跃有关。

如果我们能让端粒酶发挥作用，延长端粒的长度，那么我们的细胞就能达到更多的分裂次数，延长寿命就不再只是一种幻想。而且，饮食、运动的确是能够激发端粒酶的活性的。

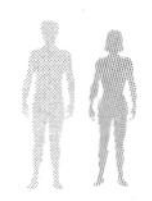

实际上，有人已经做过实验，采用健康的生活方式，比如多吃低脂食物、多吃蔬菜水果、每周运动5次以上，并且注重压力管理，坚持这种生活方式5年以上的人，端粒酶的长度会增长10%；而那些什么都不做的人，他们的端粒酶会缩短3%。

不过，值得注意的是，用不科学的方法增加端粒酶有可能出现负面作用，是不可取的。

神奇的生命之光，抵抗衰老的排头兵——端粒！

激活端粒酶，延长寿命。

长寿的关键——端粒

端粒位于细胞染色体的两端，起保护染色体的作用。

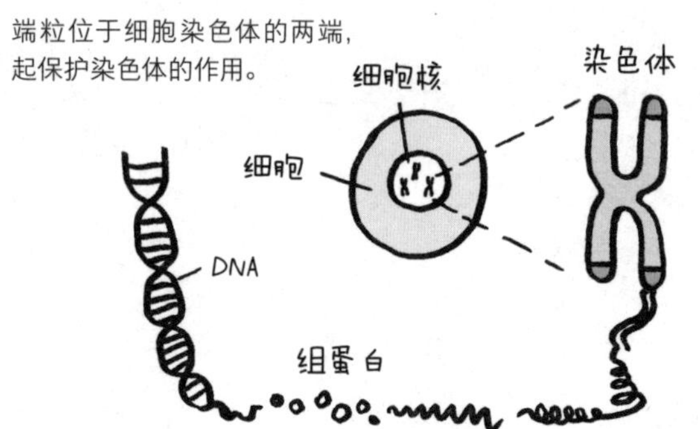

细胞每分裂一次，端粒就缩短一些，直到细胞不再分裂，逐渐衰老。

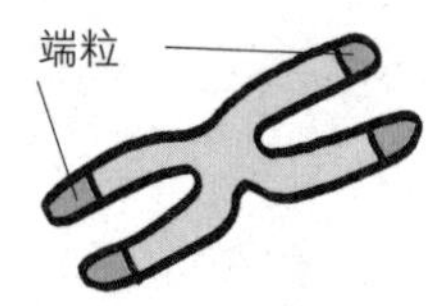

衰老与端粒之间的关系

新生细胞的染色体端粒比较长。

随着年龄增长，细胞不断分裂，到 35 岁时端粒仅剩一半。

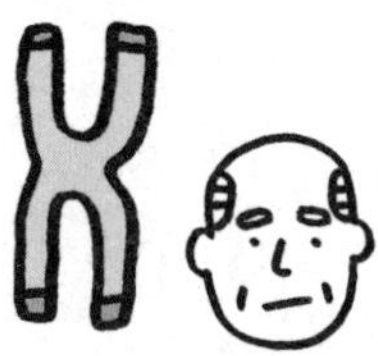

50~60 岁，细胞停止分裂。

能够延长端粒的端粒酶

- 调整饮食和运动习惯，激活端粒酶；
- 癌细胞的无限分裂和增殖也与端粒酶的活跃有关。

在太空滞留引起端粒的变化。

研究人员以一对同卵双胞胎为对象展开了一项研究，双胞胎中的一人作为宇航员进入太空（ISS），另一人留在地球，观察他们的端粒有没有变化。结果显示，在太空滞留期间，宇航员的端粒显著变长，但是，当他返回地球后，48 小时之内端粒就开始缩短，并且最终缩短到比去往太空之前更短的长度。目前，研究人员还无法解释清楚为什么会出现这种情况。

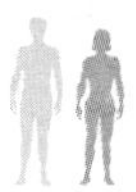

54 为什么女性比男性更长寿呢?

环境和生理结构等因素都发挥了重要的作用。

日本女性的平均寿命是 87.32 岁，男性则是 81.25 岁，女性平均比男性长寿 6 岁左右（2019 年度厚劳省调查报告）。其实不仅是日本，在全世界范围内，女性的平均寿命都要高于男性。根据 WHO（世界卫生组织）2016 年的报告，全世界女性平均寿命为 74.2 岁，男性平均寿命为 69.8 岁。

关于男女平均寿命的差别，存在各种各样的理论。比如，“荷尔蒙理论”（雌激素理论）“染色体理论”“男性与女性的社会压力不同理论”“环境理论”“胸腺理论”，以及女性出于绝经后照顾孙辈的需要进化得越来越长寿的“祖母理论”。

其中，雌激素理论认为，女性荷尔蒙中的雌激素能够降低胆固醇，减少中风、心脏病、动脉硬化的风险，维持女性身体健康。所以，生活中女性的健康状况应该明显地优于男性。**不过，随着年龄的增长，绝经后，女性体内的雌激素大量减少，男女寿命差距也会相应地缩短一些。**另外，染色体理论认为，与男性的 XY 染色体相比，女性的 XX 染色体免疫功能更强。男婴的死亡率比女婴更高，也与此有关。

还有胸腺理论，认为男女寿命的差异源于体内免疫器官胸腺的萎缩方式不同。

胸腺位于心脏上方，负责制造 T 淋巴细胞（T 细胞），T 细胞也是一种白细胞。女性的胸腺是伴随着年龄的增长而缓慢萎缩的，而男性的胸腺，是在 10 岁左右达到成熟状态，20 岁后快速萎缩，20 岁时胸腺的功能仅剩顶峰时期的一半，70 岁后仅剩 10% 左右。

同时，胸腺里的抗衰老物质的减少，也会使男性的免疫功能提前下降，导致寿命缩短。

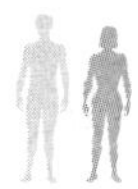

很多因素都会导致男女寿命的差别。

女性荷尔蒙理论、环境理论，等等。

男性

平均寿命 80.98 岁

健康寿命 72.14 岁

易患疾病

胃癌、心肌梗死、肺炎、尿道结石等

女性

平均寿命 87.14 岁

健康寿命 74.79 岁

易患疾病

骨质疏松症、阿尔茨海默病、关节疾病、甲状腺疾病等

（上述的数据来源于 2016 年度健康寿命相关数据，与正文数据有所不同）

为什么女性的寿命长于男性

●雌激素理论

女性荷尔蒙中的雌激素能够降低胆固醇，预防动脉硬化等疾病。

●性染色体理论

女性染色体的免疫功能高于男性。

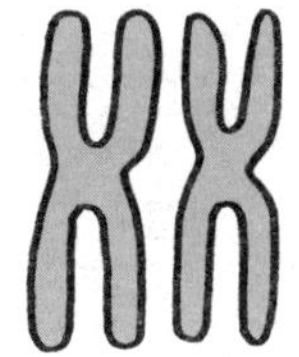

●胸腺理论

男性的胸腺随着年龄的增长快速萎缩，免疫功能快速下降。

●环境理论

男性面对的社会压力更大，身体状况出现异常时往往得不到及时诊治。

香港成为全球最长寿城市的秘诀——药膳汤

根据厚劳省公布的 2018 年度简易生命表，香港以男性 82.17 岁、女性 87.56 岁的平均寿命，连续四年成为全球最长寿城市。其实过去香港人的平均寿命并没有这么长。2000 年，香港政府制订了健康促进计划，增加运动设施，推广以健康饮食预防疾病，也就是“药食同源”的理念，其中就包括使用中药材制作而成的药膳汤。香港人的平均寿命得到延长，药膳汤功不可没。

专题

你知道遗传因子、DNA、染色体、基因组之间有什么区别吗?

遗传因子、DNA、染色体、基因组，这些都是与遗传相关的词语，很多人并不清楚它们之间的区别，因此容易混淆。

首先，染色体位于细胞核内，遗传自父母一方各 23 对共计 46 条，是由 DNA 卷绕在名为组蛋白的蛋白质周围形成的线状结构，一般来说在显微镜下也很难看得清楚，只有在细胞分裂时才会显现出明显的线形形状。

其次是 DNA。将染色体一条一条拆解开，就可以看到双螺旋结构的染色体。DNA 是“脱氧核糖核酸”(deoxyribonucleic acid) 一词的简称，是由四种碱基、糖 (脱氧核糖)、磷酸构成的核苷酸连接而成的锁状结构，是遗传因子的载体。遗传因子就是指DNA 双螺旋结构上的碱基排列方式，其中包含着遗传信息，也被称为“生命的设计图”。

如果用书来做比喻的话，DNA 就相当于写有文字的页面，遗传因子相当于页面上的文章，而染色体就是一本书，23 本书又构成一个系列，两个系列放在一个书架上，那么这个书架，就是基因组。

你明白了吗?